しまね・ブータン王国物語

神々の国しまねから幸せの国ブータンへ

ハーベスト出版

自然

世界最高峰エベレスト山（ブータンに向かう搭乗機より（H2年））

1985年に京都大学登山隊が初登頂したマサ・ガン（6800m）（ドチュ・ラ（峠）から遠望、H2年）

標高2200mの高地の
棚田（ブータン中部の
トンサ付近（H11年））

赤や白の花が美しい
シャクナゲの大木の
樹林（ドチュ・ラ（峠）
付近、H8年）

建物、街並み

タシチョ・ゾンと政府官庁舎（右）（S61年）

タシチョ・ゾン
（中央政府と中央僧院の在所（S61年））

首都ティンプーの全景（H2年）

プナカ・ゾン（旧首都プナカのゾンで、現在は冬期に中央僧院が入る。（H2年））

パロ空港ビル（二代目の空港ビル（H2年）

建物、街並み

首都ティンプーの街(4年前と比較して自動車が多くなっていた。(H2年))

市街地の大型木造建物(建築中)
(パロ市内(S61年))

チュメイの織物工房
(ブータン中部のブムタン(H11年))

仏教の経典が入っている「マニ車」を回す本田さん(東部のタシガン市街のロータリー(H11年))

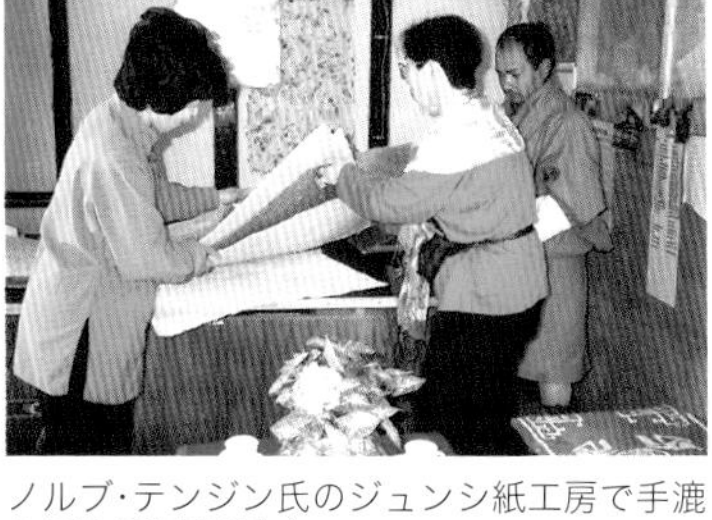

ノルブ・テンジン氏のジュンシ紙工房で手漉き紙を拝見(H8年)

街の人々

国技の「弓」を楽しむブータンの人々（今はアーチェリーが多いが、元々、日本の弓と同様だった。(H2年)）

家庭で機《はた》織りしているブータンの女性（ティンプー市内(H2年)）

日曜市場（ティンプー市内）（近郊の農家から多種多様な農産物等が集まっていた。(H2年)）

ブータン王国唯一の交通整理台に立つ警察官（ティンプー市内のロータリー(H2年)）

タシチョ・ゾンの衛兵（とてもフレンドリーだった。(H2年)）

女性・子供たち

ティンプー郊外の子供たち(H2年))

キラを着たブータンの女性
(ティンプー市内(H2年))

ティンプー市内の小学校を訪問
(H8年)

少年僧と共に
(野田さんと本田さん(H11年))

ゴを着た男子小学生
(ブータン東部タシガン(H11年))

キラを着た女子中学生
(ブータン東部のタシ・ヤンツェ(H11年))

交流行事等（ブータン国内）

紙漉き農家視察
（ブータン中部のノブディン村（S61年））

久保田保一氏、和紙技術指導
（ノブディン村の紙漉き農家（S61年））

ブータン政府と「手漉き紙技術」協議
（国立中央図書館（S61年））

今枝夫人（フランソワさん）と協議
（今枝由郎氏宅（S61年））

国王あて島根県知事親書等の伝達、官房長官へ
（タシチョ・ゾン内の政庁（S61年））

和装の田黒輝夫氏（団長）、歓迎会で、ブータンの地酒（アラ）に挑戦
（ティンプーのモティタンホテル（S61年））

ブータン政府協議後、タシチョ・ゾンを背景に関係者（国立中央図書館広場（S61年））

交流行事等（ブータン国内）

ブータンの「ゴ」を着た西岡京治氏（ノルブ・テンジン氏、田黒輝夫氏と歓談（H2年））

農林省次官C・ドルジ氏と娘さんと共に（結婚披露宴会場（S61年））

オム・プラドハン通産電力大臣を表敬訪問（タシチョ・ゾン内の大臣室（H2年））

ブータン民謡・ブータンの楽器（歓迎レセプション（S61年））

紙漉き機材贈呈祝賀晩餐会（ティンプー市内ホテル（H2年））

紙漉き機材贈呈式（ティンプーの製紙工場（H2年））

「ドクター」ペマ・リンジン氏に13年ぶりに再会（ティンプー市内の国立病院（H11年））

ブータンヒマラヤ連峰を背景に乾盃（ドチュ・ラ（峠）（標高3,150m）（H2年））

交流行事等（日本国内）

技能五輪全国大会エキシビジョン招待者4名歓迎会（松江（H8年））

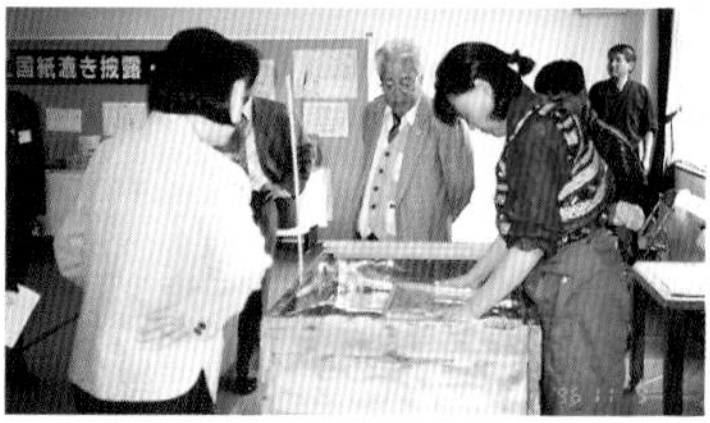

ケサン・ユードンさん、紙漉き実演（技能五輪全国大会のエキシビジョン（松江）（H8年））

技能五輪全国大会招待者（ノルブ・テンジン氏他3名）ホームステイ（柳樂宅（H8年））

通産電力省職員ティンレイ・ウォンチュク氏歓迎会（松江（H10年））

昭和62年に心臓手術を受けたノルブ・テンジン氏の長男（ツェリン・ドルジ氏）が、主治医（松田光彦松江赤十字病院副院長）を訪問（H12年）

和紙技術研修員ツェリン・ドルジ氏（ノルブ・テンジン氏の長男）、澄田県知事を表敬訪問（県庁（H12年））

ＩＴ技術研修員チミ・ドルジさんホームステイ（調理体験）（柳樂宅（H15年））

令和元年10月25日に開催されたワンチュク国王陛下歓迎会で国王陛下に拝謁（R元年、東京、帝国ホテルにおいて、柳樂）

目次

目次

まえがき

話は今から三十七年ばかり前のことであります。島根県ではその二年前の昭和五十七年（一九八二）に「くにびき国体」が盛大に行われ、県民もこぞってその高揚感に浸り、皆が次なる飛躍を目指して歩みを進めていた頃であります。

日本経済も高度成長期を経て世界最大の貿易黒字国となり、昭和六十年（一九八五）のプラザ合意後に円高ドル安が進んでくると人々の関心が海外に向き出していました。しかし、グローバリゼーション（境界を越えた国際化）の言葉を聞く少し前のことで日本の若者達が世界中に羽ばたくには少し早く、ましてや世界地図にヒマラヤ連峰の南斜面に張り付くように描かれている小国、ブータン王国を知る人は島根にはほとんどいませんでした。

その神秘な国、ブータン王国の人々の思いが、不思議な縁で結ばれた様々な人々の熱意と語りかけにより二年もの月日を経て、やっと島根の人々の心に届き、ついにヒマラヤの秘境へと向かわせたのです。

このように人々を奮い立たせたものは、いったい何であったのかと不思議に思われるでしょう。その根底には国の無形文化財に指定されていた島根の誇る手漉き和紙が存在していたのです。その和紙が人々を魅了し、和紙の技術を求めて人づてに尋ね尋ねてヒマラヤの奥から島根の八雲村や三隅町まで縁の糸が長く伸びていったのです。そして、ついには神秘の国ブータン王国と島根の縁を結ぶまでにいたる息の長い物語であります。

しかし、その過程では未知の国への旅支度に慌てふためいたり、一八人乗りの小型機がヒマラヤ連峰に侵入寸前で視界不良のためインドに引き返すなど、神秘の国に辿り着くまでには様々な難関が立ち塞がりました。このプロジェクトもこれまでか…と何度も諦めそうになりました。その都度、沢山の人々に助けられ、道が開けて念願が成就できたのです。

振り返りますと、その後も危うい出来事が多く波乱に満ちた長い道のりでしたが、このような希有な機会に立ち会えたことは、私の人生に大きな影響と彩りを添えてくれた望外の体験となりました。

これから、小著で紹介いたしますのは自己満足の体験物語ではありますが、皆様に少しでもブータン王国との交流について理解を深めていただき、今後の島根県とブータン王国の友好の絆が一層強固になれば幸いに思います。

柳樂 正雄

発刊を喜ぶ

元島根県立女子短期大学学長　藤岡大拙

柳樂正雄さんは出雲高校の後輩です。そして、私が高校教師として初任校が母校でしたので、そこでは教師と生徒の関係となりました。長じて柳樂さんは島根県職員として精励されましたが、奇しくも、私が島根県立島根女子短期大学の学長になったとき、事務局長として全面的に援《たす》けていただきました。

柳樂さんは生来温厚篤実、なにごとを為すにも誠実そのもの。そして、控えめでねばり強く、縁の下の力持ちに徹する人格です。私の最も好きな、いや尊敬すべきタイプの人です。

その柳樂さんが、控えめにちらほら、ブータン王国の話をされることがありました。それは極めて断片的な話で、ブータンの研修生が島根県に来たこと、そのうちの一人が、滞在中に心臓病が発見され、後に再び松江に来て、日赤で手術をしたことなどでした。

このたび、長らく温めておられたブータン王国と柳樂さん（もちろん島根県や関係諸団体、それに柳樂さんと共に苦労された人々も含みます）との交流史を、四十年近くさかのぼった始まりから、現在に至るまでの経緯や出来ごとをまとめられた『しまね・ブータン王国物語』の草稿を読んで一驚しました。

まず、その記述内容の精緻なること。年月日、ブータンのややこしい人名・地名、交流の内容、トピックなどが克明に述べられていることです。柳樂さんは交流の始まりから、実にこまめに記録を作成していたに違いありません。でなければ、これほど詳しく書けるものではありません。柳樂さんの几帳面さが遺憾なく発揮されています。

次に、国交の未だ成立していなかった時代での交渉は、困難を極めたようで、ずいぶん苦労されたのですが、自分の苦労はあまり触れず、関係機関や個人の支援に対する感謝の念が、文中に横溢《おういつ》していることです。

第三に、現地に赴いてから、ブータン王国の人々、現地で活躍している日本の人々に対する感謝と敬愛の気持が随所にあふれていることです。

かなりのボリュームの著述ですが、私は一気に読破しました。興味深いのと感動の混ざったさわやかな読後感でした。それにしても、柳樂さんは文章がうまい。ノンフィクション作家顔負けです。そうでなければ、一気に読了などできません。

幸せの国ブータン王国と島根県の不思議なご縁から始まった交流は、紙すき技術から農業技術・観光施策など幅広い広がりをもって現在も進展しています。多くの人の善意と努力の賜物ですが、とりわけ柳樂さんの黒子的、かつ献身的な努力がなければ、今日の交流はなかっただろうと思います。

本書は柳樂さんの輝かしい自分史であるとともに、国際交流の在り方に、貴重な示唆を与えるものに違いありません。そして、なによりも、島根県という僻地県が、わが国で真っ先にブータン王国と地道な、堅実な国際交流を成功させたことは、誇らしいかぎりです。その成功の屋台骨を背負ったのが、柳樂正雄さんその人であることを、本書を一読することによって、確信することができるのです。

発刊に寄せて

出雲民藝紙　安部信一郎

ブータンへは昭和六十一年（一九八六）と平成十年（一九九八）の二回訪問させていただきました。最初の訪問となったきっかけは、当時の県商工労働部長であった田黒さんから声をかけていただいたことです。ブータンの紙漉きの現状の視察と今後の交流の進め方を協議するための訪問で、石州和紙の久保田保一さんと共に紙漉きの技術者ということで呼ばれたのだと思いますが、その一行の中に柳樂さんがおられました。

当時の私は、古い形が残っているという現地の紙漉きをこの目で見てみたいという思いもさることながら、それ以上に未知の国であるブータンの環境や人々の暮らし、いったいどんな国なのだろうという気持ちが勝っていたと思います。その時の旅はまさに波乱万丈、危険とも隣り合わせのような道中でしたが、柳樂さんの達筆な文章を読むと、三十五年も前のことになりますが当時の出来事がありありとよみがえってくるような気がします。

苦難苦節を重ねた最初の視察訪問の結果、紙漉きの道具の改良、トロロアオイの使用、漉く技術自体の改良が必要でしたので、結論として研修生三人を受け入れることになり、その年の秋、八月から三か月間私のところの離れで寝泊まりしてもらい、実質的な手漉き和紙作りの研修が始まりました。しかし言葉の壁や生活習慣の違いなどから、三人はいろいろな面で我慢や不自由を強いられ、相当ストレスもたまったのではと思います。少しでも日本での暮らしに馴染んでもらおうと研修の合間を見て、松江市内に買い物に連れて行ったり、スナックへ飲みに行ったりしたことが懐かしく思い出されます。やっとこちらの生活にも慣れた頃に研修生の一人であったテンジンさんが風邪をひき、医者に診てもらったところ心臓疾患が発見されました。幸いにも多くの人たちの応援により後日、松江赤十字病院にて手術ができたことは私にとって忘れることのできないエピソードです。

柳樂さんは最初の訪問でも、研修生受け入れの際でも、また島根県ブータン友好協会の事務方としても、一貫して粘り強く、物腰が柔らかく、現地との交渉や詰めなどの大事な部分を強い責任感を持って進めていただいたと思います。島根県とブータン王国とを和紙で結ぶという大きなプロジェクトを、まさに一身で背負われたと感謝しております。この本をきっかけに、多くの人がブータンという国に興味関心を持っていただけたらと思います。

柳樂さん、発刊おめでとうございます。

「しまね・ブータン王国物語」発刊によせて

石州和紙久保田　久保田　彰

　私の父、久保田保一が最初にブータンに行ったのは今から三十五年前、五十八歳の時でした。大変な旅だったようでしたが、帰国して開口一番「向こうの手漉きは五十年前のようだった」と聞かせてくれたのを今でも覚えています。それでも何か掴むものがあったのでしょう。以来、父は熱心にブータンを訪問し、現地の手漉き紙技術の発展向上に努め、またブータンからの技術研修生受け入れについても精力的に取り組んでいたと思います。そうした背景には県の田黒様、そして柳樂さんのブータンとの交流を成功させたいという並々ならぬ努力と思いがあったことを、柳樂さんの大労作である本書が教えてくれている気がしています。

　私も父に師事し、石州和紙の技術を受け継ぎ、工房を営む傍ら、平成七年（一九九五）から父が取り組んだと同様に、微力ではありますが石州和紙を通じてのブータン王国との交流を続けております。その間には三隅町からブータン王国の紙工場に製造機材を贈呈したり、三隅町長がブータン王国を訪問しブータン王国通商産業貿易省と「文化交流の協定書」を交わすなど、三隅町とブータンとの交流の環境はずいぶんと深まってまいりました。これまでのブータン王国からの技術研修生受け入れはのべ二十七人となり、研修生は小学校での児童生徒たちとの国際交流にも活躍し、三隅町ではもっとも有名な海外の国として知られるようになったと思います。

島根県ブータン友好協会のキーパーソンとして柳樂さんは、三隅町にとって、また石州和紙にとっても欠かすことのできない存在です。柳樂さんの築いた土台の上に、三隅町とブータンとの和紙を通じた交流の花が咲き開いたといっても過言ではありません。

平成二十三年（二〇一一）、国賓として来日されたブータン王国新国王の歓迎レセプションに柳樂さんらと共に出席した私は、国王自ら声をかけていただいたことを誇りに思うと同時に、それもこれも柳樂さんあってのことだと氏の実直かつ誠実な仕事ぶりに感謝する他ないと思っています。

この本書をきっかけに、ますます島根県、浜田市三隅町とブータンとの交流の絆が深まることを期待して、発刊へよせる言葉といたします。

しまね・ブータン王国物語

神々の国しまねから幸せの国ブータンへ

本書に登場する人々（職名は当時の職名）

田黒輝夫さん…島根県商工労働部長（前島根県ブータン友好協会会長、元隠岐汽船社長）
久保田保一さん…石州半紙技術者会会長
安部信一郎さん…㈶安部榮四郎記念館理事長、（現島根県ブータン友好協会会長）
三賀森勝さん…三隅町長
清谷祐二さん…三隅町長
宇津徹男さん…浜田市長
中島良二さん…浜田市三隅自治区長
岩本悠さん…島根県教育魅力化特命官
川平正男さん…石州半紙技術者会会員（現会長）
久保田彰さん…同会会員（現副会長）
野田修司さん…島根県工業技術センター職員（現島根県ブータン友好協会副会長）
本田英穂さん…同会員
本田美智子さん…同会員
荒木克之さん…山陰中央新報トラベル社長
杉浦敬二さん…商工中金松江支店長
杉浦康平さん…グラフィックデザイナー
今枝由郎さん…ブータン国立図書館顧問（チベット仏教研究者）
西村光弘さん…貿易商社モナ社長
西岡京治（ダショー西岡）さん…コロンボ計画専門家（農業）
西岡里子さん…西岡京治さんの夫人
高橋勝さん…松江赤十字病院院長
松田光彦さん…同病院心臓血管外科部長
高橋良次さん…県赤十字血液センター総務課長
仁田知樹さん…ＪＩＣＡブータン事務所長
佐々木健一さん…ＪＩＣＡ青年海外協力隊調整員
ジグミ・シンゲ・ワンチュク陛下…第四代ブータン国王
ジグミ・ケサル・ナムゲル・ワンチュク陛下…第五代ブータン国王
ペマ・ギャルポさん…ブータン王国政府首相・特別顧問
Ｃ・ドルジさん…ブータン王国農林省次官
ペマ・リンジンさん…ブータン王国の軍医
ドルジ・ウオンチュックさん…同国農林省の技師（キノコ栽培研究）
ノルブ・テンジンさん…第一回和紙技術研修員
ツェリン・ドルジさん…テンジンさんの長男
ツェワン・リンジンさん…テンジンさんの次男
オム・プラドハンさん…ブータン王国通産電力大臣
ツェリン・ヨンテンさん…同大臣秘書官
ティンレイ・ウオンチュックさん…同国通産電力省職員
カンドゥ・ウオンチュックさん…同国通産電力大臣（オム・プラドハン氏の後任）

ブータンって、どこ?

事の始まり

「お〜い、柳樂くん、ブータン王国って知ってるかい?」

昭和五十九年（一九八四）夏のある日、部長室から帰ってきたK課長から突然問われた。

「確か、インド周辺にそんな名の国があったかと思いますけど……」と言ったものの、答えに窮してしまった。

昭和四十三年（一九六六）に船旅でインドのボンベイ（現ムンバイ）に寄ったことがあり、インド周辺の地図をよく見ていたのでブータンの名と位置が何となく記憶に残っていた。しかし、その国についてはまったく知らなかった。

「ある筋からブータン王国の「紙漉き技術」の改善に協力できるところはないかとのことなので、確かめてくれ」

当時、私は島根県の商業貿易と物産振興を担任する部署の係長であった。田黒商工労働部長から突然、大変な宿題をもらった課長が私にバトンタッチした訳である。今の時代とは全く違い、インターネットなんて便利な物は勿論無く、ましてや鎖国状態に近かったブータン王国について情報を得るのは至難の業であった。また、和紙業界に話しても厳しい経営環境下で見知らぬ国に助け船を出す余裕なんて到底考えられない状況であった。はたと、困った私は課長に「ちょっと情報収集に難渋していますので、今しばらくご猶予をお願いします」と言って、実のところ、他の業務に追われ、ブータン問題はそのまま棚上げにしてしまっていた。

ブータン騒動勃発

翌年晩秋のある日、部長室から私にK課長とともに来るようにとの連絡が入った。「シマッタ！。あの宿題をサボっていたから、部長からお目玉だ」と覚悟して入室した。入ってみると意外な雰囲気で、話題はブータン問題ではあったが、少し様子が違っていた。

「おい、柳樂くん、急用だ！。上京してくれないか」

これはどう言う風の吹き回しかな?と、いぶかって突っ立っていると、「まあ、座れよ。実は、東京でブータン王国の政府高官から、直々に「例の件」の協力要請があったようだ。至急、上京して詳細について確認してくれ。窓口は東京事務所のT課長だ。宜しく頼む」
「はい、わかりました。東京事務所と連絡を取ります」と答えて、慌てて部長室を飛び出した。これは、えらいことになったぞ!と、思いながら、東京事務所のT課長に電話すると、田黒部長の話の背景が少しずつ分かってきた。

数日前に、ブータン王国の農林省次官C・ドルジ氏を団長とする経済視察団が来日し、東京で同次官の知人で高名なグラフィックデザイナー杉浦康平氏に会っていた。その杉浦氏の勧めによりC・ドルジ氏が懸案の「紙漉き技術」の件で島根県の東京事務所にアプローチしてきたとのことであった。

T課長の話は一年前にさかのぼるが、杉浦康平氏には敬二氏という弟があり、当時、商工中金の松江支店長であった。同氏はその弟を通じて、島根に国の重要無形文化財に指定されている優れた和紙の技術があることを知っており、弟に探りを入れさせていたとのことだった。成るほど、私がサボっていた宿題の震源もこれで分かってきた。

杉浦康平氏とブータン王国との接点が気になるところであったが、後の楽しみとして慌てて日程調整に取りかかり、各方面にお詫びしながら二日後の十一月十日に夜行列車出雲号で上京した。

ブータン問題の急展開

東京事務所で待ち受けるT課長と落ち合い、C・ドルジ氏一行が訪れる昼食会場に乗り込んだ。

不安と好奇心とが入り交じった心地で待ち受けていると、C・ドルジ氏御一行が現れた。まず、驚いたのは御一行のちょっと奇妙な感じの服装である。日本の着物の丹前に似た分厚い衣服の裾を腰でたくねていて、足にはハイソックスをはいている。同行者も服の模様や色加減は違うが同じ恰好だった。後で分かったが、この服装がブータン王国での男性の正装で、丹前風の服は男性が着る「ゴ」と呼ばれていた。

さて、本論に戻るが、まずC・ドルジ氏の話を聞くうちに、グラフィックデザイナーの杉浦康平氏の作戦が分かってきた。当時、ブータン王国は、外貨獲得の手段の一つとして、様々な珍しい郵便切手を発行しており、ヒマラヤの高山植物やラマ教（チベット仏教）の宗教文化やブータン王国の民俗・風物をあしらった切手はマニアの間では評判になっていて垂涎《すいぜん》の的となっているようだ。その切手のデザインを手がけているのがこの杉浦康平氏であった。

杉浦氏はこの貢献で国王の信頼も厚く、さらに同国の産業振興の一助にと、同国在来の手漉き紙（溜め漉き紙）の技術改良を思いついたのであった。当時のブータンの手漉き紙は日本の米袋の紙のように厚くて丈夫ではあるが、使い勝手が悪くてその用途は寺院の経典に使う以外は包装紙程度であったようだ。そこで、日本の和紙の技術でもっと薄く上質の紙ができれば、便せんその他文房具など用途が広がり、需要拡大につながると考えられたのである。そして弟の敬二氏の情報を頼りに島根の和紙技術に白羽の矢をむけて島根県に技術協力の可能性を打診していたのである。

難題発生

C・ドルジ氏の話は多岐にわたっており、予備知識がなかった私にとっては興味深いものばかりであった。残念ながらこちらは宿題の「和紙技術協力」の件が気になりそれどころではなく、ブータンの紙の現状を根掘り葉掘り問いただしていた。

しかし、Ｃ・ドルジ氏一行も役人ばかりで、紙の専門的なことは分からず、技術協力の具体的な内容や、手法に踏み込むことは容易なことではないことが分かってきた。要は、門外漢が難問の前でいくらあがいても仕様が無く、紙漉きの専門家が、現地で実態を観察しながら現地の事業者から説明を聞くより他はないのではないかと痛感した。

案の定、Ｃ・ドルジ氏も想いは同じで、島根の技術者による現地調査の実施を提案された。

これ以上、私が先走ってできることではない。すぐ、県庁の田黒部長に電話で状況を報告し、指示を仰いだ。

「そりゃ、金と手間の掛かる大仕事になりそうだし、国交もない遠い国だからね、兎に角、国王様からこちらの知事に正式な要請文でも来ないかぎり、簡単には前に進まないぞ」

部長の戸惑いの声を聞いて内心、長期戦になりそうな予感がした。なんと言っても鎖国同然のお国柄のようだから、Ｃ・ドルジ氏に話しても本国政府が簡単に動いてくれるかどうか。ましてや、こちらの期待どおり要請文が来るかどうか全く見当がつかなかった。

仕様が無い、なるようにしかならないと覚悟し、Ｃ・ドルジ氏の顔色を窺いながら田黒部長との話を伝えたところ、意外にもいとも簡単に「了解した。明日まで待ってくれ」と答え、懸案の協議はあっけなく終わってしまった。なにか、狐につままれたような不思議な気持になったが、皆さん気もそぞろで懇親会に移ってしまった。

Ｃ・ドルジ氏らの話は、秘境ブータンの珍しいことばかりで、好奇心を揺さぶられたが、先の見えない宿題を抱えている立場では、先方の明日の出方が気になり、上の空であった。

瓢簞《ひょうたん》から駒

翌日の十一月十二日に、東京事務所のＴ課長と予定どおりホテルにＣ・ドルジ氏を訪ねた。

Ｃ・ドルジ氏は、にこにこしながら私たちを部屋に招き入れてくれ、随員に何か書類の準備を指示していた。お茶を飲みながら歓談していると、やがて、運ばれてきた一枚の文書を広げ、私達に語りかけた。

「これは、ブータン王国からの『紙漉き技術調査団の招請状』であり、島根県知事様へ届けていただきたい」

驚いて、その文書を手にとってよく見ると、上質紙に英文タイプで打たれた公式文書であった。今のようなパソコンは勿論、ワープロすらなかった時代だったので、その手際よさには感服してしまった。（後で分かったことだが、一行は、訪日中、タイプライターを携行していたのだ）恐る恐る読んでみると確かに紙漉き技術調査団をブータン王国に招く趣旨の内容になっていた。ところが、さらに驚いたのは、招聘状の署名人を見たときだった。なんと、C・ドルジ氏本人ではないか。これは一体どうしたことだろうと訝しげにT課長と顔を見合わせていると、C・ドルジ氏が愉快そうに言った。

「この案件は、本国から全権を私に委任されており全く問題ないのです。ご心配なく」

問題さらに急展開

夜行の「出雲号」で松江に朝帰りしてその足で真っ先に県庁に帰り、田黒部長に東京での交渉のあらましを報告しながら問題の「紙漉き技術調査団の招請状」を見せた。

「話は分かったが、この招請状は、本当に大丈夫かい」

「杉浦康平氏に聞きましたら、ブータンではよくあることで大丈夫とのことでした。ただし、ブータンに入国までの経費は、こちらの負担となるようです。また、調査団の日程と団員名が決まり次第にC・ドルジ氏に連絡して欲しいとのことでした」

「『瓢箪から駒』のような話になってきたけど、ブータン側が本気でしかも一年越しの懸案事項だから結論を急がれるね」

田黒部長は間を置かず、当時の恒松制治知事にことの経緯を説明し、判断を仰いだ。

「いい話じゃないの。島根の優れた和紙の伝統技術が評価され、そのうえ国際貢献につながることだからね。進めてみたらどうだろう」

やがて、田黒部長から「ブータン問題」に関係がありそうなスタッフに召集がかかった。

「大至急、『ブータン王国紙漉き技術支援事業』のスキームを組み立てて、問題点を整理してくれ」

関係者に当方から経緯を説明し、頭にあったスキームの腹案をぶっつけ本番で口火を切ると、初めて耳にする不思議な国について同席者の口から次から次と、疑問や問題が吹き出してきた。しかし、知事協議で推進の方向が出ていたため、先を急いで次の主な問題点をどう処理するかを中心に協議した。

事業の組み立て

①和紙技術者による現地調査

②技術研修の実施（県内で技術指導）
問題点
①事業経費の負担
②和紙業界への協力要請
③実施時期
けんけん諤々の協議の結果、当年度中に現地調査を行って今後の技術協力の進め方を検討することとし、国（外務省等）の指導と支援を仰ぐことになった。幸いにも外務省に協議するとブータン王国マターについては好意的で島根県の技術協力の前途は明るくなり、県の関係部局も早速当該事業の推進に取り組んでくれた。

渡航手続が大変だ！

年度内に現地調査ということになり、十一月中旬の業務繁忙期が一層慌ただしくなってきた。これまでの経緯から部長が和紙の専門家と共に現地調査に入ることになり、実施時期は翌年の二月中旬ということが内定すると直ちに準備に取りかかった。

まず、調査団の要となる和紙の専門家の人選を進め、国の重要無形文化財に指定されている「石州半紙技術者会」と同文化財に指定されていた故安部榮四郎氏の所属団体「出雲民芸紙業協同組合」に協力要請したところ、和紙業界は多忙な時期で関係者の都合もあり交渉が難航した。しかし、「くにびき国体」開催時に行幸啓関係業務で共に汗を流して親しくしていただいた、三隅町の久保田保一氏と八雲村の安部信一郎氏（安部榮四郎氏の孫）にご理解を得ることができて一安心した。

ところが、県東京事務所の協力によりインド周辺に詳しい旅行代理店を通じて航空券と入国ビザ取得について手続を進めていたところ、大変なことが二つ分かってきた。一つは、日本はまだブータン王国とは国交がなく、入国ビザの取得手続は書簡の往復がすべてインド経由で行われるので、数ヶ月かかるかも知れないとのこと。もう一つは、インド方面の航空券が二月中旬は中国の旧正月行事にぶつかっていて取得が大変厳しいので、場合によってはファーストクラスを覚悟して欲しいとのことだった。航空券の件については、県の予算担当者に泣きつくと最終段階になっても取得できなければその時点で特例の判断をするとの了解が得られた。

しかし、入国ビザの件については困り果てて、インド・ブータン事情に詳しい日本ブータン友好協会員で貿易商社モナ社長の西村光弘さんに相談にのってもらった。同氏は早速、旧知のキーパーソンのブータン王国のC・ドルジ氏に、当時としては通信手段で最速のテレタイプで直接交渉していただいた。その結果、インドのカルカッタにあるブータンの駐在事務所に入国ビザを届けて置いてもらい、カルカッタからブータンのパロ空港に向かう前に手渡しで取得できる見通しになった。また、心配なことがあれば、C・ドルジ氏に直接、電話で確認して欲しいと同氏は付け加えた。

電話が通じない！

一月中旬には、ブータン王国訪問の業務日程や主要団員が確定し、私も随員として加わることになった。その間、国、県庁、関係機関・団体の支援により諸準備が整ってきていたが、肝心の入国ビザがまだ不確定であった。私自身、訪問団の担当窓口として平静を装いながらもヤキモキしていたところ、旅行代理店から「インドの入国ビザが予定より半月ばかり遅れたが、一月末に取得できる」との連絡が入ってきた。一つは片付いたが、部長の方から「ブータンの方は本当に大丈夫か？」との心配そうな声があり、電話でC・ドルジ氏に確認することになった。

　ところが、これが大変な難業であった。モナ社長の西村さんの助言によると、ブータンのC・ドルジ氏が在宅中と思われるブータン時刻の午後六時以降にかけなければならない。日本のとの時差が三時間であったので、夜九時以降に我が家からかけることになった。

　当時、国際電話ではブータンへの直通電話などあろうはずがなく、出雲局の交換台に申し込むと東京の国際電電からインドの局につながるのだが、ここまでで三〇分ばかりかかった。ところがインドからブータンへの電話回線が少ないため、さらに大変だった。三〇分ごとにインドの局から「しばらく待て」との回答が繰り返され、やっとつながったのが三時間たった深夜の零時過ぎであった。しかし、やっと辿り着いてもC・ドルジ氏があいにく不在だった。

　翌日、気を取り直して同じ時刻に再挑戦すると昨夜同様に何とか深夜につながり、今度はC・ドルジ氏が電話に出てきてくれてほっと一息つくと、やがて「ブータン側の準備状況は大丈夫だが、念のため入国予定者のパスポートナンバーを読み上げてくれ」との驚きの注文が入ってきた。慌てて資料を取り出し、四人分のナンバーを電話口で大声を張り上げながら伝え終わると、家人が深夜の異変に驚いて飛び起きてきた。C・ドルジ氏はインドのカルカッタにあるブータン駐在所に入国ビザの確保を直接に確認しておくとのことだった。

ブータン王国訪問の旅

成田空港から出発

二月十二日九時半頃、成田空港に到着した。今回の「ブータン王国手漉き紙現地調査」の出発までの準備はまさに暗中模索の突貫作業といった感じで難問続出で困難を極めたが、沢山の関係者の温かい理解と支援によってやっと出発にこぎ着けることができた。

現地調査団の団員は次の四名であった。

団長　田黒輝夫（県商工労働部長）
団員　久保田保一（石州半紙技術者会会長）
同　安部信一郎（出雲民芸紙業協同組合理事長）
同　柳樂正雄（県商工労働部商工振興課主幹）

前夜は、訪問団員と東京事務所のＴ課長の五人で、ブータンへの出発を前に懇親会を開いた。これまでお世話になりっぱなしだったＴ課長に皆が感謝しながら、これから始まる未知の旅への思いを語り合った。

成田空港ですべての手続が終わると、二日前に未知の山岳国に向かって出発する私達を心配そうに見送ってくれた家族や職場関係者に四人それぞれが最後の電話を入れた。そして、最後まで私達に付き添ってくれたＴ課長と感謝の握手を交わして搭乗待合室に入った。

私達が搭乗したのはインド航空のＡＩ三〇七便で、案内されたのはジャンボ機（ボーイング７４７型機）の最前部上段のファーストクラスの客室であった。室内には一六席があったが大変ゆったりしていて、インド人スタッフのサービスも行き届いており、同機は成田発（一三時五〇分）で途中大阪、香港、バンコクを経由し、目指すインドのカルカッタに到着するのは二三時五〇分の予定であった。

インドのカルカッタに到着

インドのカルカッタ（現コルカタ）にあるダムダム空港に着いたのは、ほぼ予定どおりの現地時間で二三時四〇分だった。直行便ではないので成田を発ってから一三時間二〇分もかかっていた。真夜中の入国手続で長びくのを心配していたが、四人とも五〇分ばかりで通過できて皆さんホット一息つき、カートに積み込んだ荷物を空港の屋外に運び出した。外は夜中の零時半頃だというのにとても蒸し暑く、そのうえ驚いたことには出てくる客を待ち構えていた沢山の労務者風の人の群であった。客の案内や荷物運搬で手数料を稼いでいるらしかった。私達はすぐ、タクシー二台で予約していたグレートイースタンホテルに向かって深夜一時頃に到着した。

チェックイン後ロビーで打ち合わせを終えて、荷物とともに各自の部屋に散っていったが私にはまだ一仕事が残っていた。何せ、今回の旅は日本ブータン友好協会員で貿易商社モナ社長西村氏の格別の支援を受けてきたものの、これからは添乗員もいない全く自己責任のマネージメントである。

さて、当地旅行代理店のインディアナ社との打合せが予定されていたので担当者を探したが見つからない。同社に連絡すると一時間以上たってからやっと現れた。カルカッタでの日程を確認するとミスマッチがあった。直前に修正できて、ほっとして時計を見ると二時四五分だった。そんなとき、田黒部長と安部氏がいつまでも部屋に上がってこない私を気遣って部屋から下りてきた。私は「大丈夫です。さあー、寝ましょうか」と笑いながら自分の部屋に入った。

翌朝八時頃、眠い目をこすりながら簡単な洋食の朝食を済ませると、早速難儀な作業に取りかかることになった。私達はまだ入国ビザもブータンへ飛ぶ航空券も取得しておらず、全て今日のうちにカルカッタにあるブータン王国の関係事務所等で手続を行わなければならなかった。

そこで、待ち受けていたインディアナ社のガイドのスーさんの案内で、まず日本総領事館に向かった。ブータン訪問を前に挨拶と、インドとブータンの最新情報を得るためであった。九時過ぎに同館に着き、ゲートをくぐって受付にいたインド人の現地職員に用件を伝えると意外な答えが返ってきた。

「今日は平日（木曜）だが、あいにく休日になっていて自分以外は誰もいない」とのことだった。

ガイドに尋ねるとカルカッタの属するベンガル地方では、学問の神様の祭の日で事務所なども休日になっ

ブータン訪問団員
（在カルカッタ日本総領事館前）

ているところが多いとのことだった。仕方なく、受付から担当の渡部館員の自宅に電話をつないでもらい、田黒部長がブータン入国の目的、日程等を伝えて持参した書類などを受付に預けることになった。

　次にブータン王国の航空会社のドゥルック・エアが入っているチボリコートというビルに向かった。ここでは航空券の予約は確認できたが、困ったことには代金支払はトラベラーチェックではダメでドルの現金払いと分かった。昨夜遅く着いたばかりで現金の持ち合わせが少なかった私達は換金が必要になってきた。ところが近くにある銀行も休日で換金不能だった。仕方なく、次に予定していた同じビル内にあるブータン王国貿易公団の事務所に行くことにした。ここには、ブータン政府の領事事務部門があり、例の同国農林省次官C・ドルジ氏が入国ビザを手配してくれているはずのところであった。

　ところが、さらに困ったことには、ここも休日で事務所は閉まっていたのだ。これには本当に参ってしまった。今日の内にビザの確認と航空券の取得を終えておかないと、明日のブータン行きの飛行機に搭乗できなくなりそうだ。

　その時だった。明らかにインド人とは違う一人の青年が片言の日本語で話しかけてきた。なんと、彼はブータン人で日本へ行くためにここに来て手続を進めているところだと言い、私達に何か困っていることがあるかと尋ねてくれた。〝渡りに船〟とばかりに窮状を伝えると、「それなら、このビルの向かい側にあるブータンの税関事務所へ行って相談するのが良いでしょう」とアドバイスしてくれた。

一一時頃、青年の案内で税関事務所に駆け込むと、カルカッタ支所長のブータン人のドルクパ氏が直接応対してくれた。早速、田黒部長がブータン王国からの招請状の写しを見せながらの窮状を訴えると、ドルクパ氏がにこやかに応えてくれた。

「分かりました。ビザの確認は勿論、航空券の方も今日の午後には手配しておきます。代金の支払はブータン入国後にしていただくように手配しておきますから午後四時以降に航空券を受け取りに来てください」

なんと、これこそ〝地獄で仏様〟のごとくで、ドルクパ氏の格別の取り計らいに一同、感謝の言葉もなかった。そのうえ、茶菓をいただきながらこれからの日本とブータン王国との交流について歓談し、心和む一時を過ごさせてもらった。

その日の午後、中華料理店で昼食を済ませて外へ出ると大変暑かった。さすがインドだ、二月でも三一度Cだった。少し時間の余裕ができたので、市街地を散策することができた。

カルカッタは、インド東部のベンガル湾に注ぐガンジス河の広大なデルタ地帯に位置する三〇〇万人を超えるインドでは有数の大産業都市である。しかしながら、十七世紀末にイギリスの東インド会社が進出するまではこのあたりは虎や豹が出没するジャングルで、寒村がいくつかあったに過ぎなかったらしい。それがイギリスの植民地政策のもとで、周辺の豊富な産物や海上交通の要所等の立地条件を生かして急速に開発が進み、今日の巨大な産業都市に成長してきたと言うことだった。

　また、イギリス統治下ではインド政庁の所在地で政治、経済、文化の中心地として市街地が整備されてきて、当時の様々な建造物や施設が歴史的な文化遺産として保存されていた。その中の一つで広大なマイダーン公園の中に際立っているビクトリア記念堂をこの機会に垣間見ることができた。

　ガイドのスーさんの説明によると、大英帝国時代のビクトリア女王を記念して一九二一年に建造された巨大な白亜の殿堂で、女王の像や女王にまつわ

在カルカッタ「ブータン税関事務所」
ドルクパ支所長に面会

る様々な宮廷用品や美術品や古文書などが多数展示されており、まさに大英帝国時代の栄華を彷彿させていた。

市内見物で時間調整が終わり、約束の午後四時半前に税関事務所に再び訪れた。ドルクパ支所長はあいにく不在だったが、所員から同氏からの伝言を聞き、その指示に従ってドゥルック・エア社に行くと私達のブータン行きの航空券が準備されていた。

え、ドライデイって何？

問題の航空券も確保でき、ホテルで明日の早朝出発と搭乗手続の注意事項についてガイドのスーさんと打合せもすませたので、六時頃にホテルのレストランで一緒に夕食を取ることになった。暑かった一日も終わり、ビールで乾杯しようとボーイに注文すると、様子がおかしい。スーさんに話して確認してもらうと、なんと、今日はヒンズー教の「ドライデイ」つまり禁酒日でアルコール類は提供できないとのことだった。皆、がっかりして食事を早めに切り上げて引き上げることになった。それでもと、安部氏のアイデァで食後にボーイにチップをはずみルームサービスを頼んでみたが、これもダメだった。

仕方なく、「ブータン滞在中」用に運んできていた大事な箱酒に手を付け、田黒部長の部屋で飲み始めていると部屋の電話が鳴り出した。出てみると島根県庁からで、私の部署のK君からだった。

「外務省から連絡が入り、来年度の海外技術研修員の島根県枠が二名増員になる見込みです」はるばる故郷から届いた吉報に「ドライデイ」も吹っ飛んで皆さん、大いに盛り上がり、ブータンへの技術支援活動の具体化について話が弾んできた。

話は尽きそうになかったが、明日に備えて九時半に散会し、長い一日が終わった。

いざ、ブータンへ！

二月十四日
八時一五分、空は曇天、ダムダム空港の駐機場を歩いて搭乗機に到着。
なんと、定員一八人の可愛い小型機だ。ドイツ製の同機内に入ると二列の座席が満席で、真ん中に通路があったが狭く窮屈だった。しかも三〇度Cで暑かった。乗員は二人で機長はインド人らしく頭にターバンを巻いていた。副操縦士はブータン人らしい。乗客は、我々四人以外は勿論外国人で、四カ国の人たちが乗っていた。ブータンのパロ空港まで約一時間半かかるということだった。三分もすると離陸したが、機体が小さいので風があるのかしばらく揺れていた。

窓から眼下を覗いているとやがて不思議な光景が現れてきた。見渡す限り赤茶けた煉瓦色の荒野が広がり、その中を幾筋もの蛇行を繰り返す大小の白い筋が細長く続いている。よく見ると、なんと、極端に蛇行しながら流れている長い河川であった。堤防らしきものがまったく見当たらないから雨期には勝手気ままに流れているらしく、河川の両側のいたる所に大小の三日月湖らしきものが見えてきた。これらの河川は、ヒマラヤ山脈を源流とするガンジス河がインドからバングラデシュにそそぎ、巨大なデルタ地帯を形成する過程で枝分かれした無数の河川群の一つであるようだ。日本列島の地形と比較するとスケールが違いすぎて驚くばかりであった。

緊急事態発生

離陸後、四〇分ぐらい立った頃、空模様が怪しくなり雲が低くなってきた。やがて、機体の揺れが激しくなってきた。飛行時間から判断してパロ空港への空路の半ば近くに来ていてヒマラヤ連峰のすそ野が迫っているはずだが、前方を厚い雲が覆っているため分からない。二、三分後にさらに揺れがひどくなり、まるでジェットコースターの上下の揺れに、横揺れまで加わったような異常な揺れを身体全体に感じて、一瞬、昨年夏の御巣鷹山の日航機墜落事故が脳裏をよぎった。乗客は、だれも座席にしがみつき、操縦席の方を厳しい眼でにらんでいた。離陸後、五五分経過した頃、突然、機体が揺れながら大きく旋回し始めた。

「天候の悪化により視界不良となったため、引き返します」。突然、パイロットから緊急アナウンスがあった。暫くたってから機体の揺れが小さくなり、ホットするのもつかの間、これから先どうしたものかとまた大きな不安がよぎった。しかし、周りの客の同じ不安そうな横顔を垣間見ながら「成るようにしかならない」と腹をくくった。

約一時間後ダムダム空港に到着し、空港の係員から「明日天候が回復すれば、今日と同時刻に出発しますので再度集合願います」との説明を受けた。私達四人組は今夜の宿探しが先決だと思い、朝方見送ってくれたガイドのスーさんを電話で呼び出そうと、安部氏と私が空港内の公衆電話へ走った。勿論、当時は携帯電話など無く、電話ボックスの前には長い人の行列が続いていた。三〇分待ってスーさんの事務所に電話すると、あいにく外出中でいったん切った。すると電話ボックスには見張り人がいて次の待ち人を案内する。また、列の最後尾に並び直し、三〇分あまり待って再挑戦。今度は運良く、スーさんに通じて空港へ来てもらうことができた。

空港に近いエアポートホテルがとれて、昼過ぎにチェックインできた。早速、田黒部長を囲んで作戦会議に入った。まず、日本総領事館とブータン事務所に状況報告し、助言を聞こうということになった。日本総領事館は、担当の渡部氏に連絡が取れて不運を慰められ、「今後も何かあったら遠慮無く連絡して欲しい」と励まされた。ブータン事務所へは出向いて報告し、本国への連絡を依頼すると快く引き受けてくれた。

ホテルに帰ったら午後四時をまわっていた。換金など雑務に手間取り、やっと落ち着いたのは六時頃、なんと、緊急対応で昼飯も忘れて走り回っていたのだ。

「おい、ちょっと一杯やろうじゃないか」との田黒部長の一声で一同、元気を取り戻し、安部氏の部屋で日本から持ち込んだ酒でまずは、乾杯（ちょっとヤケ酒気分？）。

やがてボーイが運んできたルームサービスのインド料理と例のドライデイも終わっていてインドビールも加わり、長い長〜い一日を振り返りながら、よもやのアクシデントを肴に賑やかに飲み出した。私は今更ながら今回の旅の厳しさと前途の不安を感じたが、口には出さず、明るく飲みまくっていた。

大分元気が出てきた頃、日本に申し込んでいた電話が通じたので、田黒部長が奥さんに状況報告すると「大変、驚いて、旅の無事を祈っています」とのことだった。

「人生体験、色々あるが、やはり『秘境ヒマラヤのブータン王国』は、容易には入れてもらえないね。まだまだ、波瀾万丈の旅が続き、お世話になるがよろしく頼むね」と田黒部長がしみじみと語った。

ブータン入国再挑戦

二月十五日
翌朝、空模様は昨日より良さそうだった。皆が気を引き締めて、昨日と同様に再度の出国手続を終え、昨日と同じ小型機に搭乗した。機内には昨日と同じメンバーが同じ席に座り、幸運を祈るようにお互い顔見合わせて会釈していた。一八人の乗客はまさに運命共同体の同志といった気分になっていた。やがて、昨日より早く七時三九分に離陸した。
機体の窓からは天候が昨日より良くなったせいか、大地を蛇行する大小様々な河川の景観がより鮮明に見えた。

昨日とは打って変わって穏やか飛行が続き、他の乗客達も笑顔が多くなってきた。離陸後、魔の一時間が無事過ぎた頃から飛行高度が上がったためか寒くなり、上着を羽織った。さらに一六分が過ぎると、ベルトサインが点き揺れ出した。やがて、雲に突入し、機体の揺れがひどくなってきた。一瞬、またもやUターンではないかと不安がよぎった。眼下の雲の切れ間から時々川や森が見え隠れしだした。どうにか大きな雲から脱出し、前方に急峻な山々が見えてきて一息ついたが、ハラハラドキドキの飛行がしばらく続いた。

機体は揺れながら蛇行する峡谷にそって高度を急速に上げ、パロ空港に迫っているようだった。窓から覗くと、機体は峡谷の両側に迫る岩壁を避けるようにしながら右へ左へとうまく進んでいる。昨日のように厚い雲にずーっと覆われておれば、到底飛行できるようなコースではないと納得できた。周囲には高い山々がそびえ立ち、その上部は雪に覆われている。急な山腹には広大な段々畑が広がっており、牧場も見え隠れしている。眼下の谷川の水はきれいだが、流れは速かった。

『秘境ブータン王国』へ初入国

あれがパロ空港だ！

九時一七分頃、前方が少し開けてきたかと思ったら、機体が急に下降し始めた。眼下の山あいの小さな盆地に突然、小さな小さな空港が見えてきた。え?、こんな谷底に降りるのかとまたもや、ドキドキ。パロ空港だった。一本の短い滑走路に機体が無事、着陸した。「万歳」と小声で叫び、四人とも安堵と喜びの表情を浮かべて顔を見合わせた。やっと、ブータンに無事到着できたことを神仏をはじめ、お世話になった方々に心から感謝した。

波乱に満ちた二時間ばかりの飛行がやっと終わり、前途が明るくなってきたようだ。

駐機場に降り立つと高山の清々しい空気を胸一杯吸い込んだ。やがて周辺の景色を見渡すと、山がすぐ近くまで迫っている谷間の河川敷に短い滑走路がすーと伸びており、その端の片隅に小さな木造平屋の空港事務所がチョコンと建っていた。何とも慎ましやかなブ

一日遅れで到着した搭乗機（ブータンのパロ空港）

ータン王国の玄関口であった。

空港には、政府関係者四人が出迎えてくれた。（後で分かったことだが、その四人は通産電力省の役人、ツェリン・ドルジ氏とイェシー・サムドラップ氏、農林省のドルジ・ウオンチュック氏、軍医のペマ・リンジン氏であった。また、ペマ・リンジン氏は、C・ドルジ氏の夫人の兄弟とのことだった）空港事務所での入国手続は、C・ドルジ氏の配慮で後払いになっていたビザ手数料の一人あたり八〇ドルと、税関カルカッタ支所長のドルクパ氏の配慮で後払いになっていた航空券代金の支払を終え、後は簡単なように思えたが、税関手続が案外手間取った。王様へのお土産として持ち込んだ八雲塗りの文箱等について課税するかどうかで担当者が悩んだらしいが、どうにか無事に通過できた。

さ〜、いよいよ秘境ブータン王国の旅が始まると思うと、業務遂行上の期待と不安が入り交じった気分の高揚を覚えた。

ブータン王国への第一歩

空港の事務所から出てあたりを見渡すと近くの山々に雪が見当たらない。二月の半ばだから山国のブータンは寒いものと覚悟してきたが、天気も良く寒くない。パロは海抜二三〇〇mぐらいだから寒いはずだが、よく考えると緯度からすれば沖縄あたりに位置しており気候は島根とほぼ同じくらいとみてよいようだ。

駐車場には二台の乗用車が待ち受けていた。二台ともトヨタの中古車でほこりを被っており、砂利道を走ってきたらしい。運転手は先ほど出迎えてくれた通産電力省のツェリン・ドルジ氏と軍医のペマ・リンジン氏であった。なんと、一台は公用車だったが、もう一台は政府が私達訪問団対応にドクターの車と本人もろとも臨時にチャーターしていたのだ。ブータンでは乗用車は極めて高価で政府の保有台数もわずかなため、やむを得ないときは民間車をチャーターするとのことだった。

今回の訪問では全行程で両氏にお世話になることを聞いて改めて挨拶しながら、部長と私はドクター車、久保田氏と安部氏はツェリン車に乗車し、最初に日程等業務打合せのためパロ市内の空港に近いオラタンホテルに向かった。

ホテルは当時、ブータンでも指折りの格式ある政府観光局直営のホテルで、パロの街並みを見おろす小高い丘の上にあり、広大な敷地の松林の中に本館の他に数棟のコテージが立っていた。建物は、ブータン独特の木造建築で外側に見える柱や板には素朴な彫刻が施され、壁は漆喰で白く塗られていて派手さはないがシックで気に入った。ここには最終日の前夜に泊まることになっているらしかった。本館の応接間で皆で紅茶を飲み、入国が一日遅れたこともあり日程調整の確認が終わるいなや直ちに主要訪問先の首都ティンプーに向かって出発した。

ブータン王国の国内情勢

ここで、ちょっと話題が逸れるが、ブータン王国への入国問題についてお話ししよう。

当時、ブータン王国は、近隣のインドや英国など数カ国しか国交を結んでおらず、外国人の受入は慎重な政策をとっていた。元々、同国は一九〇七年、現王朝のワンチュク家の小さな王国が誕生してから、長らく英国さらにインドの実質保護下におかれて鎖国状態が続いていた。近年では大国中国とインドの国境紛争に巻き込まれる苦難に遭遇し、紛争が治まった後も国内の要所にインド軍が駐留しており、政治・経済・軍事面で長らくインドに依存していた。同国が、独立国家として小さいながらも脚光を浴びだしたのは、第四代国王（在位一九七四年～二〇〇六年）が、ＧＮＨ（国民総幸福量）をトレードマークにし、「幸せの国」を標榜してからである。

　このような厳しい国際環境のもとで当時、同国の入国条件は依然として大変厳しく、①政府、または王室の招待、②ブータン人、もしくはブータン在住の外国人の要請、③政府機関の旅行公社が扱う団体旅行の三種類以外の入国は認められなかった。一般の外国人観光客の入国が外貨獲得の手段

ブータン国のスタッフと日程協議（パロのオラタンホテル）

として認められるようになったのは私たちの入国する一二年前の一九七四年のことで、これとて厳しい条件付きの団体旅行のみであった。つまり、旅行客は入国税と観光税さらに滞在一日あたり一二〇米ドルを政府に払わなければならない。そうすれば、公社が準備した小型マイクロバスで所定のコース（寺院など名所旧跡や景勝地等）に沿って三〇〇〇m前後の山や谷間を巡るエキゾチックな山岳ツアーを楽しむことができる。

険しい道路事情

ブータン初日の午前一一時二〇分にオラタンホテルを出てティンプーに向かった。パロからティンプーまでは直線距離で二二kmぐらいらしいが、道路距離では約六〇kmとのことだった。

ブータン王国は国土の広さがおよそ九州ぐらいであるが、世界最高峰の山々が連なるヒマラヤ連峰の南側斜面に張り付いているような山国で、最北端はなんと海抜七五七〇mの高地であり、最南端はこれまた海抜約二〇〇m位の低地であるらしかった。

その国土の南北の幅は約一五〇kmあり、その中腹の海抜二〇〇〇～三〇〇〇m位の高地を国内唯一の幹線横断道路が東西に蛇行しながら走っている。ティンプー、パロなどの主要な街はこの道路沿いに点在している谷間の盆地にひっそりと佇んでいると言ってよい。

したがって、隣の街といっても山越え谷越えの道のりは大変なもので、今でも車に縁のない村人は、野宿しながら数日がかりで出かけることもあるらしい。

パロ盆地を抜ける際には一カ所しかない車の通れる小さなコンクリート橋を迂回して渡り、だんだん急峻になっていく山の谷川に沿って山道を登っていった。

ブータンにはトンネルはまったくなく、さらにどこへ行っても山中の谷川には車が通れる橋はなく、街のある盆地の狭くなった谷川の位置にしかなかった。したがって、隣の街に行くには高い山をいくつも越えなければならないが、遠回りして、できるだけ低い峠を目指すしかない。その峠までもジグザグ道を何度も繰り返し登っていくのだが、狭い道路の谷側にはガードレールはなく、低い直方体の切石が数メートルおきに置かれているだけで、車窓から見えてくる深い谷底は見るのも恐ろしく冷や汗ものだった。

やがてチュゾムと言う村に入ると三叉路があり、一方は首都ティンプーに向かい、もう一方はインドとの国境の町プンツォリンの方に南下する幹線道路があり、ここは交通の要衝であった。このため道路には関所が設けられており、竹のゲートで仕切られていた。運転していたT・ドルジ氏が車を降り、事務所で手続を行って帰ってきた。様子を尋ねると、国内

道路舗装工事風景(パロ～ティンプー)

の幹線道路の要衝にはこのような関所があり、許可書がないと通過できないとのことであった。島国の日本では考えられないが、国境紛争や不法入国問題を抱える陸続きのブータン王国では国境線沿いの治安対策が大変だと思った。

さらに進んでいくと、前方の道路上で煙が立ちこめる中でなにか作業をしている人だかりが見えてきた。車を近づけて止まって見ると、一〇人ばかりの作業員達が舗装工事を行っていた。道路脇の狭い平地に置かれている材料を金属の釜状の容器で温めて、湯気が立つアスファルトをスコップで路面に敷固めていた。一段上がったところには竹で編んだ小さな小屋が数カ所あり、この現場で野営しながら作業を続けているらしかった。作業員をよく見るとブータン人らしい者は一人も見えず、インド人やネパール人らしかった。ドクターに尋ねると、元来、農業国のブータン人は農業や伝統家屋の建築などの作業以外には手を付けないので、インドの業者とインドやネパールからの出稼ぎ人夫に頼っているとのことだった。ブータンでは近年まで物資は物々交換で調達し、建物等の建設は村中の者が集まりボランテイアで作業を行う方式だったから、工業とか商業とかの業態の発生は最近のことで、インド人などの外国人頼みのようである。ブータン王国にはまだまだ、不思議なことが沢山ありそうに思えてきた。

パロからは通常二時間ぐらい掛かるらしいが、曲がりくねった山道に慣れない私達に配慮してゆっくりと走り続けたらしく、ティンプーには二時間二〇分掛かって、ブータンホテルに着いたのは一三時四〇分頃だった。

初めてのブータン食

朝から慌ただしかった時間が過ぎ、ホテルの食堂の椅子に座るとやっと一息ついた。ここで昼食を取ることになり、初めてブータン食を頂くことになった。

テーブルに並んだ大皿などの器には、四種類の食べ物が盛られていた。T・ドルジ氏達の説明によると、赤飯と、野菜サラダ、カレーチキン、豚の煮込みで、唐辛子が入っているのでご注意くださいとのことだった。ブータンでは、赤米を好んで食べているが、最近では、安いインド米が入ってきている。また、パロで日本の技術指導で普及してきた「ジャポニカ米」も食べられているらしい。肉類は一般的には豚やニワトリの肉を食べるが、山岳地帯で飼育されている毛深いヤクという独特の牛の肉は、高級料理用として珍重されているとのことだった。

食べ始めると、「辛い！」カレーチキンと豚の煮込みの辛さに、私たち四人組は驚いた。よく見ると私たちが鷹の爪と呼ぶ激辛の唐辛子の緑の実が大きめに刻まれて入っていた。ドクター曰く、「これは、外国のお客様用に手加減されています。私たちはこの唐辛子を調味料ではなく、野菜として

初めてのブータン食（ブータンホテル）

惣菜にふんだんに使います。生のものも野菜サラダにして食べます」郷に入れば郷に従う。今日から激辛食生活が始まった。

ティンプー市内視察

遅い昼食を終わったのは午後三時頃だった。その後、特に予定がないようでティンプーの街を案内してもらうことになった。

ティンプーはブータン王国の首都で、同国西部の中央に位置する最大の都市である。一九〇七年に成立した中央部出身の現ワンチュク王家が、テインプー河畔に初めて都市を築いた二km四方に広がりを持つ日本で言う城下町のようなものだ。

ティンプーは、パロよりさらに標高が高く、海抜二四〇〇mの高地に広がる盆地にあり、パロよりちょっと寒いようだ。人口は約三万人（ブータン王国の全人口は公称六〇万人）ということであったが、街を見渡す限りでは家屋の密集地はそんなに大きくないように見えた。ホテルの前には広場があり、人の姿はなかったが犬が沢山いるのにびっくりした。

犬たちはのんびり寝そべったり歩き回ったりしているが、人間が近づいても逃げる気配

ブータンホテルのロビー・フロント

はなく、すべて野犬のようだが妙に人懐っこい。仏教の信心の厚いブータンの人々は輪廻転生を信じて生き物は全て愛護し、これらの野犬にも餌を与えているようだ。

街の中央部に進むと、南北に走る柳の並木がならぶ広いメインストリートがあって、その中程に広い交差点があり、一人の男性が台座の上で手を振っているように見えた。近づいてみると交差点の真ん中に直径三m強、高さ五〇cm強の円形でコンクリート製の台座があり、その上にもう一段、直径一・五m強、高さ一mくらいの台座があって、その上を覆うように大きな雨傘のような屋根が設けられていた。その低い台座の上に洋風の制服姿の警察官が立って身振り手振り鮮やかに交通整理をしていた。ところが、周辺には車の往来はほとんどなく、時たま通る車に丁寧に手信号で方向を指示していた。ドクターに尋ねると、ブータンには乗用車はまだ高嶺の花で、国内の保有台数が極めて少なく、祭などの大きな行事が行われるとき以外は、交通整理はあまり役に立っていないとのことだった。

メインストリートに面する家屋は伝統的な建築様式の二階建木造建築で、外壁部分は白い漆喰で覆われ、露出している柱や木枠部分は伝統的なデザインの彫刻が施されていて、シックな雰囲気の中に鮮やかさがあった。その一階部分は店舗や展示場や作業場であり、二階が居室などの生活部分であった。

街を歩く人々は素朴で顔は穏やかで人懐っこい表情をしていた。習ったばかりのブータン語で「グズ・ザンポー（「こんにちは」の意味）」と声を掛けると、大人も子供も笑顔で会釈してくれる。しかしブータンの人たちは大変穏やかで恥ずかしがり屋が多いようで、こちらの話しかけにはなかなか乗ってもらえない。

ブータンの人々は大変な着道楽であるという。服装をながめると、男女とも日本の着物を思わせる民族衣装で着飾っている。男性は「ゴ」と呼ばれる丈がくるぶしまである和服

農村の子供たち

風の厚い生地の着物を、帯で膝までたくしあげて着ている。子供の頃見かけた日本の「はんてん」か丹前によく似ている。この「ゴ」は男性にとって大変便利な服装のようだ。腰の帯の上の方にたるみができているので、手持ちの小物は全部そこに入れることができる。本や書類はもちろんのこと、弁当や四〇㎝ほどの山刀まで入っていることがあるそうだ。足には厚いハイソックスを履き、正装では伝統的なデザインの革のブーツを履くのだが、日常は、普通の靴やズック靴を履いている。

　女性の衣装は「キラ」と呼ばれ、三枚の厚い布地を縫い合わせた一五〇×一五〇㎝くらいの布で、これを身体に巻き付けるようにして着込み、肩口をコマというブローチで止め、ケラという帯を締める。その上にテゴという薄地の短い羽織を着込み、女性の衣装はカラフルでデザインも鮮やかである。

　なお、一九八九年からは法律でブータン国民は民族衣装の着用が義務づけられた。小国ブータン王国のアイデンティティーを守ることと、外国からの不法入国者を区別する必要に迫られたのが理由らしい。それにしても街の雰囲気と言い、人々の素朴さと言い、写真や映画などで見かける昭和初期の頃の日本ののどかな田園都市風景に良く似ているように思えてきた。

ゾン見学

街の雰囲気を味わった後、ちょっと上手の街はずれにある「タシチョ・ゾン」に車で向かった。ゾンとは、十三世紀頃チベット仏教圏域から仏教勢力とともにブータンに入ってきた建築様式を継承している独特の巨大な伝統建造物で、日本で言えば姫路城のような城郭である。現在のタシチョ・ゾンは一九〇七年成立した現在のワンチュク王朝の第三代国王が一九六一年から数年かけて大改築したものであった。

このゾンは、縦五〇m、横一五〇mの壮大な構造物で、四隅に巨大な三階建ての櫓風の建物があり、その間を渡り廊下のような感じで二階建ての長い建物がつないでいる。外から眺めると白い漆喰に覆われた巨大な壁と日本建築のベンガラ塗りのように赤く塗られた木材部分が映える頑強な城砦であった。

ご承知の方も多いと思うが、ダライ・ラマ十四世がインドに亡命するまで居住していたかっての政教一致のチベット在来政権の「ポタラ宮殿」を思い浮かべていただければ、ゾンの構造や雰囲気がご理解いただけるであろう。

ブータンでも現王朝が全土を統一する前はチベットのダライ・ラマ時代と同様に政教一

ドクター（ペマ・リンジン氏）、カムニを身に付ける（タシチョ・ゾン前）

致の宗教権力者が各地域のゾンに居住し、その領域を統治していたようだが、全土統一後は現王朝が政教分離し現在の王制国家に至っている。しかし、現王朝は政教分離後も仏教を深く信奉しており、タシチョ・ゾンの中の右側半分は宗教領域でブータン仏教の最高位ジェイ・ケンポと崇められる大僧正の率いる大本山であり、右隅の高楼の三階にその居室があった。そして左側半分は政府領域で国王の政庁として供用され、左隅の櫓の三階に国王の執務室があるとのことだった。

　車を降りると、ドクター達ブータンの皆さんが着物の懐から何やら白い布を取り出して左肩からタスキのように二重に巻いた。この長い布は「カムニ」と呼ばれていてこれがないとブータン人はゾンに入れないという。ブータン王国の正装である。また、身分や役人の階級によってカムニの色が異なっているようだ。王様とジェイ・ケンポ大僧正はブータンで最も高貴な色である黄色、濃い紅色が大臣、ダイダイ色が副大臣、青が王室諮問会議員、赤が副知事以上の高官ということだった。私たち外国人は公式に入るときはネクタイを締めておればいいという。準備ができると二〇段ばかりある石段を上がり正面玄関に向かった。

広い玄関に立ち並んでる太い柱には華麗なブータン様式の彫刻と装飾が施されており、壁はブータン仏教に関わる様々な色鮮やかな仏画や伝統的なデザインの壁画で飾られていた。また、壁際にはマニ車と呼ばれている珍しい仏具が沢山設置されていた。ドラム缶位の大きさであったが、黄金色の円筒に軸をとおして立ててあり、手で円筒を回せるようになっていた。円筒の中には仏教の経典が納められており、これを一回、回せば経典を一回読み上げたことになるという。これはブータンの寺院には必ずあるもので、人々は一つずつ回しながら歩いている。

玄関の広い空間をさらに進むと広々とした中庭があり、石畳が敷きつめられていた。中央部には外からよく見えなかった大きな正方形の建物があった。この建物がゾンの中で一番高く大きくて堅牢な構造になっていた。中には政治、宗教の重要な諸行事が行われる大小の部屋や設備があるようだ。驚いたことにこれらの巨大な木造建造物は遠くの山や森から巨大な石や木材が運ばれ、設計図なしの伝統技法に従い釘も一本も使わずに建てられているとのことだった。木造建築技術に疎い私にはブータンの匠たちの技に感嘆するばかり

ゾン(城郭)玄関口の壁面の仏教壁画

であった。

それにしてもゾンの中庭を見渡しても人の気配がしない。聞けば、政府官庁の勤務時間は、午前八時から午後二時までで、宗教領域も午後四時頃は中庭の方へはあまり出ないという。広い中庭を歩きながら華麗な伝統建築物を見上げると、まさに不思議な巨大僧院であった。

部長のコート事件

またまた、ハプニング発生。

ティンプーの市内視察を終えて午後四時半頃ブータンホテルに帰った。私がフロントで部屋のキーを頼みながら雑談していると田黒部長から小声で呼ばれた。

「ドクターが、わしのコートを指さしながら頻りに何か言っている。ドクターに確認してくれよ」

部屋のキーを受けとってから、ドクターに部長への用件を尋ねてみると、意外な注文に驚いてしまったが、有りのまま部長に伝えた。

「部長、ドクターは部長のコートが大変気に入り、是非とも買わせて欲しいとのことです」

部長も戸惑い、しばし答えに窮していたが、やがて答えた。

「申し訳ないが、自分もこれには愛着があり、しかも今回の旅行中の防寒具はこれしか持ち合わせがないので勘弁して欲しい」

ドクターに部長の回答を伝えると、大変残念そうな表情で引き下がった。これで何とか、一件落着と思って部長と顔を見合わせていた。

ところが、そんな簡単な問題ではなかった。翌日、ノブディン村の紙漉き農家視察があった。その途中での休憩中にドクターが、部長のコートを指さしながら再び話しかけてきたのだ。部長は困り果てて、冗談のつもりでドクターに言った。

「このコートは手放したくない。どうしてもと言われるならばドクター着用の立派な「ゴ」との交換ならＯＫしょう」

部長は「これは、ダメだ」との回答を期待していたが、ドクターが笑顔で快諾してしまい、商談はあっけなく成立してしまった。

その翌朝、ドクターは早速、約束の「ゴ」を持参し、部長のコートはブータン滞在最終日の前夜にドクターに渡されることになった。

結婚披露宴に招かれて

ティンプー市内視察後、ホテルで「部長のコート」騒動がどうにか収まると、ブータン側と臨時の事務打合せが始まった。予定外の行事が入ってきたらしい。なんと今夜、T・ドルジ氏の友人の結婚披露宴があり、私達も遠来の珍客として招かれて出席することになった。

チエックイン後、部屋に放りっぱなしにしていた荷物を整理しながら披露宴出席の準備をしていたら、フロントから、四〇分前に申し込んでいた島根県庁への電話が通じたとの連絡がきた。慌てて部長を呼び、N課長に「ブータン王国無事到着」の第一報を入れてもらった。県庁でも空路入国再挑戦の成否を大変心配しており、部長の無事到着の報に安堵したとのことだった。

八時前に迎えの車が到着し、披露宴会場のホテルに移動した。ホテルに入ると会場の大広間の方に案内された。その隣にカクテルラウンジ風の部屋があり、中ではディスコ調の軽やかな音楽にあわせて若者達が楽しそうに踊っていた。新聞、テレビが無く、ラジオも都市部にしかない秘境ブータン王国に若者好みのアミューズメントが入っていたのは意外だ

結婚披露宴の新郎新婦

った。（金持ちは、テレビ受像器を外国で買い、ビデオで西欧の映画や音楽を楽しんでいることが後日分かった）

大広間の入口には、ブータンの伝統的な衣装の特に艶やかな色調のゴとキラを着飾った新郎新婦が私達をにこやかに出迎えてくれた。なかなかの美男美女で、ちょっとはにかみながら握手した。次に迎えてくれたのは私達が大変お世話になった農林省次官のC・ドルジ氏であった。私にとっては三ヶ月ぶりの感激の再会である。同氏の温かい配慮がなかったら今回のブータン訪問は到底実現していなかったはずである。部長とともに何度も握手を繰り返しながら感謝の気持ちを伝えた。

会場はビュッフェスタイルで、奥の壁際にブータン料理の入った金属製の大きな容器が並んだ長いテーブルがあり、両サイドの壁を背にして華やかな伝統的なデザインを施した椅子が並び、その前に飲物と取り皿類が置かれた小さなテーブルが三人に一卓くらいの間隔で置かれていた。私の隣にC・ドルジ氏が座り、部長の隣に通産電力省副大臣のオム・プラドハン氏が座った。さらに最高裁判所長官のソナム・ドブゲ氏、王室官房長官のL・ドルジ氏が久保田氏、安部氏と交互に座りその他の高官が同席していた。

　披露宴の方は、特別にセレモニー的なものはなく、思い思いにブータン料理をつつき、インドビールを飲みながら周りの人たちと談笑していた。隣席のC・ドルジ氏が小学生の娘さんを同伴してきており、学校教育の話題になった。ティンプーなどの都市部では、就学率が高くなっているが、大半の農村ではまだ

通産電力副大臣オム・プラドハン氏と歓談する田黒部長（団長）

まだ低いようで、国全体で男性が四割、女性で二割程度とのことだった。

オム・プラドハン氏と部長が紙漉きのことを話し出したので、これまでの経過について説明した。同氏は島根県の紙漉き技術協力について感謝するとともに、明日の「現地視察」と明後日の「技術協力についての協議」に大変期待していると語った。（なお、同氏は後に通産電力省の大臣に昇格し、技術交流の促進にブータン側の主役として尽力いただくことになる）

会場で一時間半ばかりブータンの人々と歓談し、九時過ぎにホテルに帰った。私達のブータン初日の緊張と旅の疲れが少し和らいできたが、明日からは、いよいよ、本番の行事が待ち構えていると思うと、また気が引き締まってくる。部長と同じ部屋で、運び込んで置き去りにしていた荷物の整理や明日の準備を終えると一一時前になっていた。二人で雑談していると室内の照明が突然消えた。暫く待っても復旧しない。「これは、出発前に日本ブータン友好協会の皆さんからよく起きると聞いていた停電なのだ」と思った。室内のテーブルの上に準備されていた蝋燭とマッチを思い出し、何とか見つけて点火した。日本でも終戦後間もない昭和二十年代に電力不足で良く停電していた頃を思い出した。

現地調査とワークショップ

ドチュ・ラ（峠）越え

二月十六日

入国二日目の朝、今日はいよいよ、現地調査。中央ブータンの農村ノブデンにある紙漉き農家を訪問する予定である。昼食は、野外でするらしく食器や食品らしき荷物が準備された。八時四〇分に、昨日と同じメンバー八人が同じ二台の乗用車でティンプーの街を出発した。

ティンプー盆地を抜け、山道を谷に沿って奥へと進んでいくとだんだん山の樹木が多くなってきた。昨日、パロからテンプーに移動中に見えていた樹木の少ない赤茶けた山肌のむき出しの景色と違っている。よく見てみると深い谷川が蛇行しており、高い連山の北側に入ると湿気が多くて樹木が多いようだ。その証拠に樹木の枝には、湿気を好むサルオガセという苔の一種が仙人の長い顎髭のように沢山垂れ下がっていた。ブータンでは山は高く谷は深い、一つ山を越えると景色や植生が全く変わってくることがあり驚かされる。

　樹木の生い茂る峡谷を抜けると山道はさらに険しくなり、やがて峠に辿り着いた。峠の所に一寸なだらかな広場があり、石造りの素朴な仏塔（ラブツェ）があった。その周りにはダルシンと呼ばれる経文を書き込んだ長い幟旗が沢山立ち並んでいた。ここは海抜三一五〇mのドチュ・ラ（ラは峠の意味）で、ブータンヒマラヤの高峰を眺望できる絶好の場所である。私達も運良く京都大学登山隊が昨年（一九八五年）に初登頂したマサ・ガン（六八〇〇m）やブータン最高峰のガンカル・プンスム（七五七〇m）をかすかに遠望することができた。

　話題はさかのぼるが、ブータン王国が成立してから六年後の大正二年（一九一三）に日本人として初めてブータンに入国した僧侶がいた。その人は当時の浄土真宗西本願寺の大谷光瑞法王の指示により大乗仏教研究の貴重な経典であるチベット大蔵経を求めてインドからチベットへの入国を企てた多田等観であった。多田等観は大命を受けて勇んでインドに辿り着いたが、運悪く、当時は複雑な国際情勢下でインドを統治していたイギリスが、外国人のチベット入国を禁じてしまった後であった。このため多田等観はインドから直接入国する通常の安全なルートを通ることができず、偶然現地で懇意になったチベット人僧侶から別ルートの情報を得て密入国を決意し、あえて危険なブータン中部のプナカ経由でチベットへ向かった。イギリス官憲の監視の目をくぐっての密入国であるため、服装を換えてブータン人に変装し、標高六〇〇〇mもの峠を裸足で越えたチベットへの道のりは難行苦行、まさに決死の旅であったが、無事に大願成就を遂げたと伝えられている。そびえ立つヒマラヤ連峰を眺めながら先人の不屈の気高い志と成果を思いおこし、唯々、驚嘆するばかりであった。

ブータンは高山植物の宝庫

峠を越えると、下り道は比較的なだらかになってきて道の左右を眺める余裕が出てきた。まず、目についたのは椿のような緑の葉が生い茂る樹高一〇m近い大きな樹木の林であった。なんと、これがシャクナゲの樹林と分かり、その幹の太さ、高さと樹木の多さに驚いた。春の盛りの頃であればその花が見事であろうと、私たち四人組は残念至極であった。ブータンには、色とりどりのシャクナゲやブータンの国花で「高山の女王」ともいわれる青いケシなどの珍しい花木や高山植物が沢山あることが分かってきて、秘境ブータン王国にますます興味がわいてきた。

さらに下って行くと突然車がスピードをゆるめた。ドクターが、「右前方に猪がいますよ」と言って指さした。成る程、真っ昼間の道路脇を平然と歩いている。ブータンでは、家畜以外の生き物の殺生をしないので猪も人を恐れないようだ。

猪を追い越して暫くするとだんだん傾斜が緩やかになってきた道端で車が止まった。車から降りたT・ドルジ氏が小走りで山に入り、やがて一本の小枝を折って持ち帰ってきた。それを久保田氏に見せながら言った。「これがダフネで、ブータン紙の原料でこの辺の山に自生しています」

久保田氏はピンクがかった白い小さな花が四つばかり着いたその小枝を受けとって、眺めながら部長に説明した。「これは、野生の沈丁花科の植物で、日本のミツマタに似ていますね。このように山に自生する原料が豊富にあれば、ブータン紙の見通しも案外明るいかも知れませんね」

農家の家屋について

さらに下ると、谷間に平地が広がり、周辺に散在する農家が見えてきた。パロの農村でも車窓から同じ光景を垣間見てきたが、近づいて眺めるとブータンの農家の家屋の様式はがっしりとした木造の三階建てで、外側は素朴な彫刻を施した柱や窓枠などの木材部分を見えるように残し、あとは白い漆喰で覆われている。屋根は板葺きが多く、勾配はゆるくて、小さくて平たい石が重しとして疎らに置かれていた。

夏の雨期以外は天気が良く、午前中は無風状態でおだやかだが、午後になって大気が温まってくると下方の峡谷から風が吹き上げてくる。こんな日々の繰り返しで家屋も乾燥しており、唐辛子の収穫時には屋根の上に干された赤い唐辛子で家々の屋根が赤く染まり鮮やかな農村風景が楽しめるらしい。

また、家屋の中は一階部分で家畜を飼育し、二階は居住部分で囲炉裏やカマドはここにある。一番明るく良い部屋は大きな仏間になっており、応接間、客間も兼用になっている。入口は建物の外に取り付けられている幅が狭く、急なハシゴ状の階段を登るようになっており、慣れない者にはちょっと厳しい。屋根裏の三階は、食糧の貯蔵や物置に使用されるとのことだった。

紙漉き農家訪問

正午頃、やっと目指すノブディン村に到着した。ティンプーを朝八時に出発していたから休憩も含めて四時間掛かっている。直線距離で約五五kmだが、何せ想像を絶する山あり谷ありの険しい道ばかりであったからだ。ティンプーから一番近い紙漉き農家があるのがノブディン村だった。村と言っても数軒の平家の家屋が散在する集落にすぎない。家屋の周辺には割竹で編んだ竹柵が巡らされており牛が飼育されていた。

さあー、待ちに待ったブータンの紙漉き現

ブータン紙の原料植物「ダフネ」

場に到着した。久保田さんと安部さんの目が輝き、歩みが速まってきた。

案内された作業場に入っていくと、紙漉きの道具類や原料の乾燥した木皮が入った大きな竹の編み篭が置かれており、片隅で青年が紙を漉いていた。その光景は、安部さんの作業場で見慣れたものとは一寸違っていた。土間には直に畳一畳より幅広い木製の箱形で、底浅の「漉き槽」が据え付けられており、その中に細かく砕かれた植物繊維の水溶液が満たされていた。この繊維の原料は、現地でダフネと呼ばれている日本のミツマタと同類で沈丁花科の植物の樹皮であることが後で分かった。

青年は、その漉き槽の手前に置かれている長椅子状の台に腰をおろし、紙を漉いており、

ブータンの紙漉き実演（ノブディン村の農家）

漉き方は、日本で「溜め漉き」と呼ばれる製法であった。それは竹籤《たけひご》を細い紐で編んだ「簾《す》」を載せた木枠の「漉き桁」を漉き槽の上に差し渡した木の棒の上に置いておき、溜め枡から繊維の水溶液を柄杓《ひしゃく》で掬い上げて簾の上に万遍なく注ぎかける。一定量の水溶液を注いだ後、簾から水が落ちきるのを待って、簾に張り付いて紙状になった繊維を簾ごと持ち上げて、脇に置かれた板の上に置き、簾をはがしていく。

漉き上がった紙がたまると、作業場内に整えられていた漆喰壁に一枚づつ張り付けて自然乾燥させていた。このように竹の簾を使って漉かれるブータン紙は「ツァショー」と呼ばれ、経典などの用紙に使用され、もう一つ布を敷いた簾を使って漉かれる紙は「レショー」と呼ばれて包装紙などに使用されているとのことだった。

ブータン紙と和紙の相違点

日本の紙漉きとの大きな相違点を挙げてみると二つあった。一つは、前述の「ツァショー」を漉くのに使われている竹の簾が、日本の細く繊細なものとは比較にならない太い竹《たけ》籤《ひご》で編まれた目の粗いものであった。もう一つは漉き方で、ブータンではもっぱら前述の

「溜め漉き」が行われており、日本でも子供たちの紙漉き体験学習で、ハガキや卒業証書作りが行われている製法で、厚い丈夫な紙が漉かれていた。

他方、日本では、通常、「流漉法」が行われ、腰高に設置された漉き槽の前に立ち、天井などからつるされた「簾をはめた漉き桁」を両手で持ち、漉き槽の中に入れて繊維と「黄《と》蜀《ろ》葵《ろ》」を混合させた水溶液を掬い入れて、漉き桁を独特の緩やかなリズムで揺すりながら繊維が簾に薄く満遍なく行き渡ったところで持ち上げて水切りし、簾を外し、仕上がった紙を板に上に重ねていく。この製法では、紙の厚さは自由に調整でき、用途は多岐にわたっている。

和紙の紙漉き実演

紙漉き農家のブータン式紙漉き実演を見終えると日本式の実演を行うことになり、作業場の外の庭に小さな漉き槽が直ぐさま運び出された。久保田さんが待ってましたとばかり、苦労して持ち込んだ小さな漉き桁一式と黄蜀葵が入ったガラス瓶を取り出して準備に取りかかった。

やがて、ブータン政府の随行スタッフと紙漉き農家の人々が見守る中で久保田さんの実

日本の紙漉きを指導(ノブディン村の農家)

演が始まった。鮮やかな手さばきで薄い見事な紙が漉かれていく様に皆が見とれていた。特にごく薄い紙が簾からきれいに剥がされて重ねられていくのを不思議そうにながめていた。これぞ、ごく細の竹籤でできた簾と黄蜀葵と熟練の技が織りなす和紙の出来栄えであった。

峠での出来事

紙漉き農家の視察を無事終え、ノブディン村を後にして帰途についた。ワンデュ・ポダンの街にはまだ程遠い山あいの峠にさしかかった。ところが、その時、予期せぬアクシデントが起こってしまった。

ドクターの車の後輪タイヤがパンクしてし

まったのである。実はその三時間ほど前にもパンクし、スペアタイヤに変えたばかりであった。

サー大変だ！　山奥の峠で、農家らしき建物が数軒見えるだけで電話などありそうにない。先行きが案じられるが、成り行きを見ているほかどうしようもない。

皆、車外に出てドクター達の作業を眺めていたが、どうも様子がおかしい。

やがて、ドクター達は、パンクしたタイヤを外して中のチューブを取り出した。なんと、そのパンクした部分を指でぎゅっと摘まみ、絞り込んで糸を何重にも巻き付けて結び、元のタイヤの中に戻して、タイヤを車の傍らに放置し、車から敷物と何やら大きな包み物を取り出してきた。なんと、昼飯の準備らしかっ

野犬に見守られながら「野外昼食」（ノブディン村付近）

た。

これから、タイヤをどうするんだろう？と、不思議に思い、ドクターに聞くと「通りかかる車を待つ」とのことだった。

山道を登ってくる車の気配はまったくなかった。時計をふと見ると午後二時過ぎだった。仕方なく、道路脇の草むらに車座になって皆でブータン流儀のピクニック弁当をいただくことになった。

誰ともなく、「郷に入れば郷に従おう」とつぶやいていたところ、一時間あまりたった頃にやっと、一台のトラックがもうもうと煙を出しながら登ってきた。

「待ってました」と、ドクターが手を挙げながら路上に走り出てトラックを止め、事の訳を話したようだ。

パンク修理後のタイヤにエアを注入（ノブディン村付近）

トラックの運転手は車から跳び降りると、手際よく備え付けの長いホースの付いたエアノズルを引っ張り出した。やがてこちらのパンクしたタイヤに接続してエアを注入し始めた。生まれて初めて見る不思議な「パンク修理」なので、我々四人組は呆然としてながめていたら、運転手は、タイヤからエア漏れがないのを確かめると笑顔でドクターと握手し、我々に手を振りながらトラックで走り去っていった。

ドクター曰く「ブータンではよくあることですよ」

「そうか。私達がせっかちすぎるのか……」と、安部さんと顔を見合わせながら小声で話していた。

ブータンの人々と友好親善を深める

訪問団主催の夕食会

現地視察から帰ると、すぐ訪問団主催の夕食会場である予約済のドルックホテルに出かけた。私達の泊まっているブータンホテルから歩いて七分のところにあった。今夜の仕掛けは、私達がお世話になっているブータン政府の通産電力省と農林省の担当者を招いてのささやかな夕食会なのだ。こぢんまりとした部屋に入るとちょっと薄暗い。ブータンの室内照明の照度はかなり低く、慣れるのに少し時間が掛かる。

やがて、運転手を兼ねているドクターのペマ・リンジン氏と通産電力省のT・ドルジ氏、農林省の技師のドルジ・ウオンチュック氏と通産電力省のイェシ・サムドラップ氏の四人が入ってきた。インドビールでタシデレ（乾杯）と盃を交わし、やがて出てきたウイスキーも入って盛りあがってきた。八人で二日間を共にし、お互いに打ち解けてきて言葉の壁を乗り越えながら話が弾んでくる。

ドルジ・ウオンチュック氏は、日本語が話せ、私のブロークンイングリッシュよりはるかに上手だった。彼は数年前、キノコ栽培の技術習得のために来日し、山梨県の秋山種菌研究所で二年間研修生活を送っていたとのことだった。なる程、道理で日本語が上手いはずだ。さらに今年、短期研修で再び山梨を訪れることになっているとのことで、部長から「島根にも林業試験場があって、松茸などのキノコの研究を行っているから来日の際に来られたらどうですか」と話がさらに盛りあがっていった。（後日、この話が実現することになるのだが…）

愉快に盛りあがった夕食会が終わり、ホテルに戻ったのは十時頃であった。部屋に帰って身のまわりの整理をしていると、隣の部屋の久保田さんが入ってきて「部屋の洗面台の水がどうしても止まらないよ」と、助けを求められた。急いでフロントに走り従業員に話すと、「前から調子が悪かったので取りあえず元栓を閉めておき明日修理する」とのことだった。

『手漉き紙技術』についてブータン政府と協議

二月十七日

ブータン政府職員に日本の紙漉きを指導

ブータン王国滞在四日目の朝、九時に迎えの車でブータンライブラリー（国立中央図書館）に向かった。今回の訪問の最重要行事の時が来た。図書館に着くと会議室に案内され、そこにはブータン王国政府関係者が待ち受けていた。大きなテーブルの両サイドにブータン側と島根側に分かれて着席し、農林省主管課長ペマ・ウォンチュック氏、通産電力省副課長サンゲイ氏、課長補佐ペマ・ツェリン氏、研修担当職員イェシー・ノルブ氏、その他職員の皆さんと挨拶を交わした。

まず、ペマ・ウォンチュック課長から、歓迎の言葉と島根県の手漉き紙技術協力に対する大臣からの謝意が伝えられた。田黒部長からは、ブータン王国からの招請と歓待に対してお礼が述べられた後、暫し、入国までの経過やブータンの印象などについて語り合い談笑した。

程なく、久保田さんが持参していた日本の重要無形文化財「石州半紙」の記録ビデオを、室内に準備されていた図書館のテレビ受像機により上映された。このビデオの中で和紙の歴史や、原料、機材、製法、和紙の用途など詳しく解説されており、島根の和紙の現状を理解してもらった。

次に、図書館の外の広場で手漉き和紙製法紹介のワークショップを開くことになり、大きなプラスチック製の容器などや敷物を準備してもらって、急ごしらえの野外会場が開設された。空は晴れわたっており、島根の四月に近いような温かい陽気だ。やがて、関係部局以外の職員や周辺の住民らしい人々も集まってきて会場が賑やかになってきた。

久保田さんが、おもむろに原料の楮《こうぞ》と苦労して持ち込んだ例の「黄蜀葵《とろろ》」を取り出して、手際よく水に溶かし棒でかき混ぜた。周囲では、観衆が不思議そうに眺めており、久保田さんが時々説明されるのだが、業界の独特の専門用語が多くて通訳担当のドルジ・ウォンチュック氏と私は、悪戦苦闘しながら名訳（?）に努めた。

いよいよ本番の紙漉きになると安部さんも加わった。作業はなかなか大変だった。ここにはノブディン村の紙漉き農家にあった「漉き槽」状の木箱がなかったので長方形のプラスチック容器の代用品を使用し、狭い容器の中に持参の小型スゲタを入れてぎこちなく紙を漉くことになった。しかし、さすが、人間国宝のプロフェッショナルの技だけあって出来上がった紙は素晴らしかった。地面に置かれた広い板の上に一枚ずつ置かれていく漉き上がった紙は、真っ白で透けるように薄い紙だった。ブータンの人たちは経典や包装紙などに使われている分厚い紙に見慣れており、珍しそうに目を見張って眺めていた。

暫くすると、久保田さんに勧められてブータン政府の皆さんも紙漉きに挑戦してみた。しかし、スゲタで紙の原料を掬《すく》い揺《ゆ》する作業は大変難しく、久保田さんと安部さんの丁寧な手ほどきを受けても誰もが何度も失敗し、はにかみながら諦めて次の人に交代していた。

紙漉きの技は一朝一夕で身につくものではなく、やはり長期の技術研修が必要であると皆さんに理解されたようだった。

ワークショップが無事終わると、ブータン政府関係者と四人組は再び会議室に戻り協議を再開した。はじめに、久保田さんからノブディン村の手漉き紙視察の感想が述べられた。

「ブータンでは、紙の原料がノブディン村で見たダフネの他に楮《こうぞ》も自生しているようで原料の確保も有望のようだ。製法については、ここでは竹ひごを綿糸で編んだ簀《す》を使い、溜め漉き（紙の名称「ツァショー」）が行われていたが、他に木枠に薄い綿布を貼ったものでも溜め漉き（紙の名称「レショー」）が行われているようだ。紙の製品は厚めで丈夫で良い紙である。しかし、現状では用途が限られているようだ。もし、日本の和紙の製法を取り入れられれば薄く緻密な紙が製造できて用途が広がると思う」

続いて、通産電力省の産業部門の責任者のサンゲイ副課長が語った。

「皆さんが持参された和紙の見本を見て、島根の和紙の素晴らしさが良く分かりました。また、先ほどのビデオの記録映像とワークショップの紙漉き実演を見学して、和紙製造の伝統技術の凄さと丁寧な仕事ぶりに感心しました。このことは、以前からブータン国立図書館顧問の今枝由郎氏から聞いていましたが、正にそのとおりでした。ブータンの手漉き紙の現状は久保田さんのご指摘のとおりで、国内に点在する紙漉き農家で細々と製造を続けています。しかも日用品としての紙製品は、都市部ではインドから入る西洋紙が多くなってきています。ブータン王国では、元来、国の資源、伝統文化を保護する政策を堅持しており、ブータンの手漉き紙の振興を図りたいと考えていますので

ブータン政府職員と協議

是非、島根県のご協力をお願いします」

これに対して、田黒部長が島根側の腹案を語り始めた。

「貴国の要望により現地調査を行い、そして貴省のご意向も確認できましたので、島根県に帰って知事に報告し、手漉き紙の技術協力について具体的な事業計画を立てることになると考えています。今言えるのは、和紙の技術指導には時間がかかるので、貴国の技術者を島根県に派遣していただき、長期間の技術研修を行うことになると思います。今後の手続や準備にご協力をよろしくお願いします」

協議が終わり、暫く和やかに談笑した。昼飯抜きで一連の行事がすべて終了したのは午後三時近かった。（ブータンでは、昼食を一二時きっかりに食べるということではないらしかった）

今枝由郎氏宅訪問

その日の夕方、五時過ぎにブータン国立図書館顧問の今枝由郎氏宅を訪問した。今枝氏は、ブータン手漉き紙の技術改良について既述のグラフィックデザイナー杉浦康平氏に火を付けたキーパーソンだったので、日本ブータン友好協会の皆さんから、今枝氏宅の訪問を勧められていた。当日は残念ながらフランスに帰国していて不在だった。ちょっとややこしい話だが、同氏は仏教研究者でフランス国籍を有していて、フランスの国立科学研究センターに勤務し、五年前（一九八一年）からブータンに赴任してブータン仏教を研究していることが分かった。

留守宅では、夫人のフランソワさんが私たちを温かく迎えてくれた。夫人もフランス人で今枝氏と同様に仏教思想・仏教美術の研究に従事しているとのことで、長らく中央図書館にある仏教関係の古文書や文献を読みあさるうちに、使用されている紙の質に関心が高まってきたようである。ここでは四〇分ばかりしか時間がなく、ブータンの手漉き紙の現状とブータンでの生活ぶりの一端を伺って辞去した。（帰国後、今枝氏から丁重な礼状と今後の技術交流についてのアドバイスをいただいた）

農林省・通産電力省共催歓迎レセプション

ティンプー最後の夜、ブータン政府の歓迎レセプションが催されることになった。田黒

ブータンの酒「アラ」を飲みながら伝統音楽を楽しむ和装の田黒部長
（ブータン政府主催歓迎レセプション）

部長は日本から和装の羽織袴を持参して満を持していたので、早速、仕度を始めた。着付けの手伝いを求められたが、和装の素養がない私は役に立たず、久保田さんが手際よくさばいていった。仕上がった部長の和服姿は流石のもので、ブータンの皆さんの伝統的な衣装にも負けないなと取り巻きの皆が思った。

会場のモティタンホテルは市街地から少し外れて、高級住宅が並ぶ高台の一角にあった。ホテルに入ると、政府高官と夫人たちが会場の入口で出迎えてくれた。田黒部長の羽織袴姿が目に入ると出迎えた皆さん、目を丸くして歓迎の挨拶をした。部長は「この服装は、古くから着用されている日本の伝統的な礼服で、ブータンの『ゴ』のようなものです」と晴れやかに説明した。

会場は二つの大きな部屋で構成されており、最初の部屋は農林省主催のカクテルパーティ会場であった。次の部屋は通産電力省主催のディナー会場となっていた。カクテルパーティでは、一昨晩の結婚披露宴の時のように会場の両側の壁際に置かれた小さなテーブルに二、三人ずつ着席し、日本のようなセレモニーもなく、インドビールを飲み出した。ブータン側の出席者は農林省から次官のC・ドルジ氏以下一一人、通産電力省からオム・プラドハン副大臣以下五人で、だんだん酔いがまわり賑やかになってきた。

やがて、若い男女五人が現れ、男性二人がブータンの伝統音楽を演奏し始めた。日本の三味線に似た楽器と縦四〇cm、横一mの中が空洞らしい四角い木製の箱の

ブータンの踊り（歓迎レセプション）

上に十数本の金属の線が張られた打楽器をそれぞれが奏でている。リズムはスローでメロディーも穏やかな哀愁を帯びた曲が流れてきた。その曲に合わせて残りの男性一人と女性二人が歌いながら立ち上がり、円陣を組みながら踊り出した。踊りは両手を身体の前に出してゆっくり振りながら、足も片足ずつ交互に少しあげながら少しずつ横にずれていった。だんだん和やかな雰囲気になり、他の人たちも加わり出して円陣が大きくなっていった。日本の盆踊りのような感じで同じ動作で繰り返し踊り続けられた。

出席している政府職員は若い人が多く、酔いがまわるにつれて私たちに頻りに話しかけてきた。彼らによると、「国王が若い（当時三十歳）ので政府職員も皆若く、職場は活気があって仕事のやり甲斐がある。また、日本からは、近年、物心両面にわたり支援をいただいており感謝している。特に農業指導の面でダショー西岡の貢献は格別のもので、国中の者が同氏を尊敬している」とのことだった。ダショーとは、戦前の日本の爵位のようなもので、外国人では西岡京治氏が初めてとのことで、私たちも日本人として誇らしかった。それにしてもブータン政府の若い役人達は、活き活きとして国の施策や自分の役割をおおらかに語ってくれて好感が持てた。なにか、ドラマに出てくる明治維新政府の若い役人の姿を彷彿させていた。

益々盛りあがってきて一人の職員が人懐っこい顔で部長と酒談義を始めた。「日本の酒を

ディナーパーティ（歓迎レセプション）

飲んだことがありますが、大変うまかったですね」

　部長がそれに答えて

「ブータンにも『アラ』というおいしい酒があるそうですが、残念なことにまだ飲んだことがないので分からないですね」と冗談めかして言った。一緒に聞いていた農林省の課長補佐のペマ・ドルジ氏が大げさに驚いた表情で

「それは申し訳なかったですね。すぐ、持ってきます」と言い残して部屋を出て行った。

　しばらくしてから帰ってきたペマ・ドルジ氏は、両手に中ぐらい大きさの金属製の鍋と杓子等を抱えて

にこにこしながら入ってきた。なんと驚いたことに、自宅へ帰って自慢の「アラ」を持ちこんでくれたらしい。ペマ・ドルジ氏は鍋を恐縮している部長の前のテーブルの上に置き、持参した白い小さなカップに液体を杓子で注いだ。部長は一口飲んで、「これは効く！。卵酒じゃなくて、卵焼酎だ！」

なるほど。私も飲んでみると、濃いめのお湯割焼酎といった感じのもので甘辛い味がした。

ブータンでは、外国から入る洋酒、ビール類を除く自国の酒類全般をチャンといい、米、シコクビエ、トウモロコシなどに麹を混ぜて陶器の甕に入れて封をし、発酵させて造る日本酒のような酒をバンチャンという。アラはそれをさらに蒸留したものらしい。これらの酒類は各家庭で醸造され、蒸留されて仲間内で愛飲されているとのことだった。

会場に持ち込まれた飲物はアラに卵とバターを加えてかき混ぜながら温めたもので、チャンケと呼ばれていた。このチャンケは子どもが生まれた時や新築祝いなどのお祝いの際に出されるとのことだった。したがって、ホテルでは出てこない代物で外国人は幸運に恵まれない限り飲む機会はないとのことだった。四人組は、改めてペマ・ドルジ氏に丁重に感謝申しあげた。

皆、かなり酔いがまわった頃に、やっとディナーパーティの部屋へ案内された。会場はビュッフェスタイルで、奥の壁際にカラフルな布で覆われた長いテーブルにブータン料理が盛られた金属製の容器が沢山並べられていた。両サイドの壁際には白布のかかった長いテーブルが並べられていて、一昨晩の結婚披露宴の時よりさらに豪華な飾り付けがなされていた。ここでも特別の儀式張ったことはなく、先ほどのメンバーで席に着き、盛りだくさんに取ってきたブータン料理を食べながら歓談した。不思議なものでブータン料理の辛さに慣れて四人組の皆が腹一杯に食べていた。ただ、例の唐辛子の長い実の煮込みは激辛でほんの少ししか食べられなかった。

ブータン王国政庁（ゾン）訪問

二月十八日

いよいよ、ティンプー最後の日の朝である。しかし、もう一つ重要な行事が残っていた。ブータン王国政庁訪問である。残念ながら王様には会えないということで、王室官房副長官に会うことになっていた。王様と政府要人へのお土産を部長と準備していると、一時間半前に申し込んでいた島根県庁のN課長への電話がやっと通じた。部長がその後の経過を大声で語り、最後に「四人皆元気だと皆の家族にも伝えてくれ」と頼んだ。いつもながら部長の気配りに感謝した。

九時半にゾンに着くと、ドクター達は例によって長い白布のカムニをタスキのようにかけて威儀を正している。両側に衛兵が立っている正面玄関を通って中庭に入り、王室官房のある左端の櫓風の四階建ての建物に向かった。王室官房は二階にあった。ドクターたちに案内されて官房長官室に入ると、広い部屋は書類が置かれた大きな机がある執

国王あて島根県知事親書等の伝達（王国政庁（ゾン））

務用スペースと低い大きなテーブルとソファーを置いた来客用のスペースに分かれていた。周りはブータンの伝統的なデザインの調度品で飾られていて落ち着いた雰囲気の部屋だった。

私たちを迎えてくれたのは、官房副長官のナンゲ・ウォンチュック氏であった。ブータン王国では、現在、次期振興計画策定に取り組まれており、国王のジグミ・シンギ・ワンチュク陛下自ら関係者の意見聴取のため、政府高官を伴い地方へ視察中であった。この国王視察にＬ・ドルジ官房長官も同行しているため官房副長官への面会となったということだ。

官房副長官は国王と同じ三十歳ぐらいのハンサムな青年であった。にこやかな笑顔で応接の広いテーブルに案内され、紅茶が出された。部長が今回の入国への配慮とおもてなしの諸行事へのお礼を述べた後、「手漉き紙の技術協力」について経過報告をすると、官房副長官は、国王が島根県の技術協力に大変感謝し、今後の取組に期待している旨を伝えられた。

おもむろに持参した恒松島根県知事からの親書に併せて、お土産の品物を取り出して部長が説明しながら贈呈した。国王へ八雲塗りの文箱、皇太后へは、めのう製品であった。また、久保田さんから国王に石州半紙を使用した掛け軸が贈呈された。ナンゲ副長官からお土産のお礼に併せて、日本からのきめ細かな近代化支援活動に対して感謝の気持を語られた。しばらく、お茶を飲みながら、私たちがブータンで過ごした四日間を振り返り、和やかに談笑した。このヒマラヤの小国ブータン王国は、大国、中国とインドの狭間にあって、今後も厳しい試練が待ち受けているであろう。しかし、若き国王の叡智と気鋭の官僚達の気概は、そんな懸念を吹き飛ばしてくれる自信と明るさが感じられた。心地よいひとときを過ごして王室官房をなごり惜しく辞去した。

エンポリゥム（物産館）で買い物

ティンプー最後の日、ゾン公式訪問で最後の公式行事を終えて、土産物探しに出かけた。街中には商店は少なく、しかも日用雑貨品だけで品数も少なかった。国民の九〇％が農民で近郊の住民は自給自足が基本で、必要なものは物々交換で賄っているという。外国からの観光客の数も極めて少ないので、商店は観光客向けの品ぞろいをしていないようだ。したがって土産物探しはティンプー唯一の物産館（エンポリゥム）がお決まりのコースとなる。

エンポリゥムに入るとまず目に入ったのは、大きな色彩豊かな仏画の掛け軸であった。周囲にも大小様々な仏画や黄金色の仏具類が沢山置かれていた。さすが信仰の篤いブータン王国である。次に目についたのは、竹木の工芸品で、ろくろ細工の円形の容器や、竹の細く割って編んだ色鮮やかな様々な篭など興味を引くものが多くあった。民族衣装の男性用の「ゴ」や女性用の「キラ」も美しく飾られていたが、すべて手織り、手作りで日本の和服同様に高価であった。

エンポリゥムで買物

西岡京治氏との邂逅

ブータン最後の夕食会

パロ市内見学を終えると、五時頃にオラタンホテルに入った。入国初日に、パロ空港からブータンのスタッフとの打合せのために直行したホテルである。

いよいよ、ブータン最後の夜をここで過ごすことになるので、のんびりしている余裕はなかった。六時にはダショー・ニシオカと呼ばれ、ブータン王国民から敬愛されている西岡京治さんとの初めての夕食会が予定されていた。帰国準備の荷造りを大雑把にすませて会場のレセプションホールに向かった。ホールには、既に西岡さんと私達を滞在期間中サポートしてくれたブータン政府スタッフ達五名が待ち受けていた。私たちに合わせたのか洋装の西岡さんは、にこやかに「秘境ブータンの旅、お疲れ様でした」とねぎらいながらテーブルの席に案内していただいた。

西岡京治氏を囲む夕食会（オラタンホテル）

西岡さんは、ＮＨＫ取材班出版の「遥かなるブータン」（昭和五十八年発行）に載っていた写真を拝見してはいたが、想像していた以上に品のいい穏やかな紳士であった。

会場は例によってブッフェスタイルで、慣れてきたブータン料理を自前の皿に盛り込んで席に着き、晩餐会が始まった。

田黒部長が、今日までに至る経過をドラマチックに語り始めた。

「海外視察などの機会が幾度もあり勧められましたが、喫緊の業務に追われていたためその都度若い連中にまかせ、海外には一度も出かけたことがありませんでした。そんな私が、この秘境ブータン王国に命がけで来ることになったのは、勿論、島根の誇る和紙が取り持つ不思議な縁であります。それに加えてもう一つ、ブータン王国を心底から愛し、無心に支援活動に取り組まれている西岡さんや杉浦康平さんたちの篤い志に心が揺さぶられたことも大きな要因でありました。そして今回、ブータンの若い役人たちの国家隆盛への熱き想いに触れて、島根の和紙の技術がブータン王国の紙の資質向上と製紙産業の振興に役立ってくれることを願う気持がさらに強くなってきました。今後、ブータン王国で経験豊かな西岡先生のご指導、ご支援をよろしくお願いいたします」と語り終えると、和やかな懇談が始まった。

ブータンで最も敬愛される外国人『ダショー西岡』

やがて、田黒部長が西岡氏ににこやかに問いかけた。

「西岡先生、あなたをブータンの虜にしたのはナンですか？　正直に申しあげて、こんな厳しい環境で不自由な暮らしに耐えながら、二十年以上も農業指導に取り組んでいらっしゃるのが不思議でなりません」

「私は若い頃、大阪府立大学の中尾佐助先生のご指導により二度にわたってヒマラヤの学術調査に参加しました。そこで長期間にわたりヒマラヤ山岳地帯の農業を調査し、研究に取り組んでいました。そうこうするうちにすっかりヒマラヤの大自然と人々の暮らしぶりに惹かれるようになり、いつか大好きなヒマラヤで自分の専門の農業技術を生かせる機会があればと待ち望むようになっていました。そんな矢先の一九六四年に、海外技術協力事業団（現国際協力事業団）から朗報が届きました。『コロンボ計画による農業専門家のブータン派遣』に私が選ばれたのです」

「アジア太平洋地域の開発途上国援助の国際協力活動に日本も参加していましたね」

「そうです。日本も敗戦から復興し、国力を増して東京オリンピックを開催する頃ですから積極的に海外支援に目を向けており、私は幸運でした。ヒマラヤ山岳地帯の農業を理解し、チベット語が話せるということで決まったようです。ブータンの言葉は『ゾンカ語』と呼ばれ、チベット南部のチベット語の方言の一種のようです」

「最初から、ブータンに長期滞在が予定されていたのですか」

「いいえ、当初の派遣期間は二年間でした。当時、二〇〇〇m以上の山岳地帯でのブータンの農業は技術的に遅れており貧弱でした。農業国とはいうものの農作物の質、量ともに乏しく、国中が細々と自給自足の状態でした。ブータンの国民生活を豊かにするのには農業技術の改良と農作物の品種改良が急務であると考えました。そこで、早速、日本式の農業技術の普及と品種改良に取り組みましたが、ブータンの村人達に日本式の農業をなかなか理解してもらえませんでした。悪戦苦闘するうちに農作物の収穫時期を迎え、私たちが栽培した作物の出来栄えを見て、やっと皆さんが私たちのプロジェクトに参加してくれるようになりました」

「でも、農業そのものを変えていくのは、大変でしたでしょうね」

「山岳地帯の悪条件と闘いながら村人達の意識を変えるのは容易でなく、試行錯誤を繰り返しているうちに月日はあっと言う間に過ぎてしまいました。まだ、先が見えないような状態でしたので、二年の任期が終わりそうになって慌てて更新してもらいました」

「すると、少しずつ成果が上がってきて国の役人達が試験農場を視察に訪れるようになり、実績を評価して積極的に協力してくれるようになりました。やがて、国王（三代ジグミ・ドルジ・ワンチュク国王）の耳に入り、国王の理解と支援により、ブータン王国の将来を見据えた数々の農業構造改善プロジェクトに取り組むようになりました。ふと、振り返って見ると派遣期間は延長に延長を重ねて二十二年も過ぎ、こうして皆さんにお目にかかっているのです」

「いやあー、驚きました。今日、ブータンの街の市場に並ぶ豊富な農産物や村人の笑顔は西岡先生の二十年あまりの筆舌に尽くしがたい奮闘の賜なんですね」

「いや、日本政府や皆さんをはじめ日本の沢山の方々のご支援の賜です。そして、まだまだ、ブータンの農業支援活動は道半ばですのでこれからもお世話になります」

話は尽きなかった。西岡さんがブータンに入った頃は、ブータンの第二の都市パロですら商店らしきものはなかった。人々は自給自足の生活で、不足する物があれば物々交換で補って暮らしていたのである。街で、自国の貨幣ヌルタム（レートはインドのルピーと同じ）が使用され出すのはさらに十年ぐらい後だったらしい。ブータンに初めて住みついた外国人として、そんな不自由極まる生活を家族とともに十二年間過ごし、一九七五年に里子夫人が子どもさんの教育のため、長女、長男と帰国されてからは一人暮らしを続けられている。今や、西岡さんの身も心もブータンに捧げられてブータンに同化されているとしか思えなかった。本当に話は尽きなかったが、三時間あまり続いた懇親会は、明朝の出発が早いので、終わることとなった。

ブータン王国、帰途も多難？

ドクター車、崖から転落

早朝五時五〇分、目覚まし時計の音に起こされて飛び起きた。

さあー、いよいよ、出発の朝だ。

頂いた土産や収拾物で増えた荷物を何とかまとめて、本館のロビーに出てみると、予定の六時半になっても久保田さんたちが出てこない。

不思議に思って別棟の二人を覗いてみると、「約束のホテルからのコールがなかったので、寝過ごしてしまったあー」と安部さんが慌てて起きてきた。

ところが、もっと大事件が起こっていたのである。

予定時刻より一時間も早い七時過ぎに、ブータン政府のスタッフらしき人物がロビーに駆け込んできた。

なんと、昨夜、夕食会後にお別れした西岡京治さんではないか。

「皆さんをお送りする予定のドクターが、昨夜帰宅途中に車ごと崖から転落し、来られなくなりましたので代わりに私が参りました」

驚いた。昨夜、私達との最後の夜とあってあんなに愉快に語らっていたあのドクターが崖から転落とは、……。

「でも、ドクターは怪我は軽くてすみました。車は相当壊れたようですけど」

あー、よかった。あの快男児は幸運だった。

ブータンの道路は急峻な山腹を削って作った日本の山奥の林道のような砂利道で、谷側は見おろすと足が震えそうな険しい崖ばかりであるが、ガードレールもなく転落すればまず助からない。ブータンでは、自動車台数が極めて少ないが、残念ながら時々このような転落事故が発生しているらしい。

ドクターが転落した所は幸運にも谷川に面したやや緩やかなスロープで、川岸近くに繁っていた雑木がクッションになったらしかった。

名残惜しや！ブータン

大変なことになったが、西岡さんのお世話になることになり、ホテルで同氏と一緒に朝食をとった。少し落ち着くと、西岡さんから提案があった。
「パロ空港は近いので、まだ時間がありますから『女神の山』と呼ばれているブータンの名山『チョモラリ（七三一四ｍ）』が展望できるところへご案内いたしましょう」

八時頃、西岡さんの気配りに感謝しながら山に向かうことになった。二台あった車のうちドクターの普通車が西岡氏のジープに替わっており、私たち四人、ブータンスタッフ四人と西岡さんの計九人が二台に分乗し、チョモラリを目指して北方へ、パロ谷の川沿いに山道を登っていった。三〇分ばかりで、見晴らしの良い小高い広場に着き、車を降りると皆一斉に北方の山並みを見渡した。朝の清々しい空は雲がほとんど無く青く澄みわたっており、眼前に広がる濃い緑がかった山並みの稜線の後方に一つ際だって真っ白に輝く山がくっきりと突き出ていた。丁度、富士山を内陸部から峰ごしに遠望するような美しい景色であった。

しばしの間、女神「チョモラリ」に見とれていたが、田黒部長は自慢の望遠レンズでしきりにシャッターを切っていた。

西岡さんによると、このパロ谷をさかのぼっていくと史跡ドゥゲ・ゾン（城砦）があり、さらに進むとチョモラリ山の近くの峰の尾根に峠があり、それを越えるとチベットで、かつては主要な交易路であったようだ。今日では物資の大半はインド経由で入って来るが、昔は塩（岩塩）などの重要な生活用品や仏教関連用品はチベットに頼っていたようだ。

また、歴史を遡ると群雄割拠の時代には度重なるチベット軍の侵入に悩まされ、その侵攻に備えて一六四七年にドゥゲ・ゾンが構築されていたが、一九五一年に火災で焼失してしまい、現在はその廃墟が観光スポットの一つになっているようだ。なお、近年は中国側でチベットの反乱が勃発し、一九五九年にダライ・ラマ十四世がインドに亡命すると中印関係が険悪になり、ついに一九六二年に中印国境紛争に発展すると、当時、政治、経済面でインドの保護下にあったブータンにはインド軍が駐留していたため峠の国境は封鎖されてしまい、現在も要所にインド軍が駐留し国境周辺の警備にあたっているとのことだった。大国の狭間に生きる小国ブータンの厳しい現実を垣間見る機会となった。

崖下にドクターの事故車

空港への時間が気になりだして、女神チョモラリ山と別れを惜しみながら帰途についた。途中、狭い道路の曲がり角で、西岡さんが突然ジープを止めて私たちに話しかけた。

「実は、ここなんですよ。ドクターが転落したのは」

車を降りて道路の谷川沿いの斜面をのぞき込むと、はるか下の方に裏返しになった車体の一部とタイヤが見えてきた。多分、ドクターが乗った車が斜面を何回転かしてやや緩やかになった斜面の低い雑木群に引っかかって止まったようだ。

「車の破損だけで助かるなんて、奇跡に近いですね。ドクターにお見舞いをよろしく伝えてください」と田黒部長が西岡さんに言った。

空港近くで、寸暇を惜しみながらもう一カ所寄り道をした。目的は「ボンデ・ファーム」（ボンデは地名であるが、上質米という意味もあるらしい）であった。昨夜、西岡さんから聞いていた二十二年間掛けて築きあげた職員一二〇人と大型農業機械三〇台を備えた大規模のモデル農場である。ここの農場は農作物の種苗開発を行う試験農場で試験栽培を行い、出来上がった種苗をブータン全土に届けることと、農業指導者を養成することが主な役割とのことだった。また、ここには国立の農業機械化センターが併設されていて技術指導が行われていた。さらに施設充実のため、大規模な施設が建設中であった。

まだまだ、じっくり見たり聞いたりしたいことが沢山あったが、出国の時間が迫っており、残念ながらほんの垣間見るだけでボンデファームを後にして空港に向かった。

さらば、ブータン

午前九時四五分、パロ空港に到着。チェックインは至ってスムーズに終わった。田黒部長の大型バッグが荷物が増えてなかなか閉じなくて困ったぐらいのことを除けばである。ブータン滞在わずか四泊五日であったが、内容の濃い旅であり、荷物もいつの間にか多くなってしまった。

最後の最後までお世話をいただいた西岡京治さんとブータン政府のスタッフ四人と別れを惜しみながら空港事務所を出ると、事務所の五〇m位先にある滑走路上に待機していた入国時と同じ小型機の方へ歩いて向かった。搭乗直前に改めて後を振り返ると本当に華奢なパロ空港事務所の佇まいと私たちに手を振って見送ってくれている五人の姿が名残惜しく、目に焼き付いた。

一〇時三〇分、真っ青に晴れわたった空に向かって離陸した。帰途は機体の揺れすらほとんど無く快調そのもので、高度が上がるにつれて窓から見えてくるブータンヒマラヤ連峰の雪を冠った山々が美しく輝いていた。また、眼下の低い山々に目を転じると、棚田状の田畑や谷から山の天辺まで整然と続いており、険しい斜面を切り開き耕し続けた高地民族の逞しさに今更ながら感嘆するとともに、このわずか五日間の旅により秘境「ブータン王国」の穏やかな人々

ブータンの棚田

の底知れぬ力と、私たちの心を引きつける不思議な魅力をしっかりと感じさせられた。

離陸後三〇分位過ぎて、バングラディシュ上空で安定飛行に入った頃、前方の丸見えの操縦席から何か合図が聞こえた。すると最前部にいたブータン人の女性客が立ち上がり、狭い通路を後方へ歩もうとした。どうもコーヒーサービスのタイミングのようで乗客に協力を要請しているようだった。私と安部さんは丁度、最後部の座席におり、その後の方にサービス用品が置かれていることに気づいた。往路のフライトでは緊張しており、そのうえ前方の座席にいたこともあり分からなかったが、乗客一八人乗りのこの小型機内ではセルフサービスなのだった。そこで私は立ち上がっていた最前部の女性客を制止して、安部さんと二人で慣れない手つきで用品の準備を始めた。やっとのことでポットからコーヒーをカップに注ぎ、狭い通路をヨタヨタしながら乗客からパイロットまで全員に配ってまわった。皆さんがにこにこしながらカップを受け取り、お礼の言葉をくれた。ブータンで結婚披露宴の会場で会った最高裁判所の長官ソナム・ドブゲイ氏も同乗しており、話しかけてくれた。この予期せぬ役割のお陰で機内の全員と親しくなり、とても和やかな雰囲気で話が弾んできた。行きと帰りは大違いで良き思い出に残るフライトになった。

インド（カルカッタ）に再入国

一一時四〇分頃、インドのカルカッタにある、往路でも滞在したダムダム空港に到着した。帰途にニューデリーにある日本大使館に寄ることになっていたので、ここで四時間ばかりの時間待ちがあった。往路の突発事件（搭乗機引き返し）で一泊した空港近くのエアポートホテルで休憩することにした。カルカッタ滞在中にお世話になった現地のインド人ガイドのスーさんを呼び出し、一緒に昼食をとりながら歓談し最後の打合せを終えた。そして一六時頃空港に戻り、インドのデリー行きの国内便への搭乗手続に入った。

ところが、これからが大変だった。機内預けの荷物が四人で合計一三キロオーバーだった。オーバー分の料金を覚悟していたが、ガイドのスーさんが「日本のタバコかライターがありませんか」と私に尋ねた。「ライターならあるよ」と使い捨てライターを取り出すと、彼はライター二個を受け取り、検査員に何か言いながら素早く渡した。検査員は無言で、私たちを通らせてくれた。だが、これで終わっていなかった。手荷物検査場で再び引っかかってしまった。四人の手荷物の中身が取り出されて一つ一つ確認されだした。周りを見ると他の搭乗客は皆スムーズに通り抜けて過ぎ去っていく。ここへはガイドは入れず、困った顔をしていると、私の荷物を担当している検査員が小声で私に「タバコがあるか？」と囁いた。あっ、そうか！　と気づき、素早くライターを取り出し、こっそりと手渡した。すると、「O・K」と言って検査が終わった。私は、仲間の三人にもライターを渡し、処理を促した。四人とも無事通過した。日本出発前に噂には聞いてはいたが、何とも後味の悪い搭乗手続であった。

目的地のデリーのパーラム空港（現インディラ・ガンディー国際空港）には二〇時頃到着した。ここに寄り道したのは、ニューデリーにある日本大使館にブータン王国訪問について報告し、今後の和紙技術協力について支援を受けるためであった。前にも述べたように、ブータン王国と日本には国交が開かれておらず、同国に関することはすべてここの日本大使館が所管していたのである。

夜間の到着だったので、空港を出るとデリー市内の「セントラルホテル」に直行し、翌日に備えることにした。

在インド日本大使館に報告

大使館の訪問予定時間は一一時三〇分であったが、少し早く九時過ぎにホテルを出て市内見物をしながら進んでいった。ニューデリーとデリーの関係が分かりにくいが、十六世紀のムガル王朝の都があったデリーの郊外に、イギリス統治下において一九一一年に新しく街が整備されてできたのがニューデリーであり、現在ここにインドの中央政府官庁や各国大使館が立ち並んでいる。

大使館では、大使不在のため西川恵雄一等書記官に面会となった。田黒部長から今回のブータン王国訪問の経緯から話し始め、やがて同国での手漉き紙技術についての視察及び協議の模様を詳細に報告した。そして、今後の手漉き和紙の技術協力の進め方について島根県側の考え方と要望を伝えた。

「私たちは、今回、手漉き和紙の専門家と一緒にブータンの手漉き紙の現状を視察し、紙の製法及び特質、自生している原料を理解するとともにブータン政府関係者の「紙の多用途化」のための技術改良の意欲も確認できました。今後、ブータン政府の要望に添うには日本外務省所管の「海外技術研修員」として、ブータンから技術研修員を島根に迎えて島根の誇る「手漉き和紙技術」を修得してもらうことが最良の方法と考えています。島根県からも関係部局を通じて本省に協議しているはずですので、現地サイドからもご指導とご支援をお願いいたします」

西川氏は、島根県の取り組みについて好意的に受け止めて励ましてくれた。

「島根県の取り組みは大変時宜を得たもので、本大使館としても感謝しています。

ご承知のようにブータン王国と日本との間に正式にはまだ国交が開かれておりません。これはブータン王国の事情によるものでした。

実は、やっと両国の準備が整い、来月に入ってから国交が結ばれることになっております。したがって、これからは経済面はもとより幅広い交流が期待されておりますので、島根県が取り組まれる和紙技術の支援活動は願ってもない友好交流の好材料となるものと思います。今後、本省と協議しながら協力いたしますので、こちらこそよろしくお願いします」

西川一等書記官の話を私たちは驚きながら聞いていた。国交樹立の話は四人とも全く耳にしていなかったので、これは幸先良い話だと顔を見合わせながら私たちの今後の取り組みに明るい展望が開けてきたように思えてきた。

大使館での協議を一時間余りで終えると一二時四〇分頃だった。協議が和やかに終わって外へ出たら皆さん急に空腹を感じ、ガイドの案内で近くのレストランに駆け込んで本場のインドカレーに飛びついた。「やはり辛い辛い」と言いながらもあっと言う間に平らげてしまった。

昼食後、時間の余裕ができたので、ニューデリー市内を見物することになった。ここには、さすが首都らしく大統領府や中央諸官庁その他公共施設などの立派な建物が建ち並び、街全体が奇麗で整然としていた。昨日、見たカルカッタのゴミの散らかる雑然とした街並みとの落差に驚かされる。また、偶然通りかかった街路で市民のデモ行列と集会に出くわした。ガイドによれば、政府の公共料金の値上げに反対するデモらしかった。どこの国でも市民生活は同じような悩みや不満を抱えているということだった。

二月二十一日、いよいよインドを立つ日がきた。午前中はセントラルホテル周辺の市街地に見物や買い物に歩き回り、午後はホテルで、インド滞在中にお世話になった旅行代理店のインディアナ社のスタッフと、精算業務やインド出国上のややこしい手続などについて話し込んだ。親しくなった同社のガイドから日本人客との思い出話を聞いたところ、インド独特の商慣習や悪習もあり、せっかちな日本人は時間を惜しんで気まずい思いをすることが多いとのことだった。最後に同社の責任者からインドの高級紅茶のダージリン紅茶を土産にいただき恐縮してしまった。

無事帰国

成田空港到着

二月十二日、一二時一〇分、成田空港に無事着陸すると思わず小声で万歳と叫び、四人で握手を交わした。入国手続を無事終えて荷物を載せたカートを押しながら到着ロビーに近づくと懐かしい顔ぶれが目に入ってきた。島根県庁と東京事務所の関係者がわざわざ出迎えに来てくれていた。

わずか十日間だったが、すごく長く感じられた旅だった。笑顔で迎えてくれた職場の上司、同僚のねぎらいの言葉の中で、「四人ともちょっと痩せましたね？」と声かけられると、私たちの旅がいかに波乱に満ちたものであったかを思いおこし、お互いに顔を見合わせながら頷いていていた。

この日は、東京で帰国後の打合せのため一泊することになっていたので、出迎えてくれた皆さんと夕食会を開いた。田黒部長のホヤホヤの帰国報告に皆さん、驚嘆しながら聞き入っていた。私たち三人も十日間の旅の緊張感から解放されて、部長の盛りだくさんの話題に横やりを入れたり、相槌を打って大いに盛りあがった。

なかなか、終わりそうになかったが、明朝、部長と安部さんは早立ちの予定だったので、心残りだったが締めてもらった。

帰国報告

島根に帰るとまた忙しくなった。週明けの二月二十四日に県庁の職場に出ると、長旅への温かいねぎらいの言葉と机上には書類の山が待ち受けていた。年度末の多忙な時期であり、急ぎの業務を処理すると早速、ブータン王国の宿題に取りかかった。

まず、田黒部長が、恒松知事にブータン王国の紙漉き技術の現地調査結果を報告し、今後の紙漉き技術協力についてブータン王国訪問前の事前協議で説明していた基本方針どおりに進めることの了解を得た。

知事室から帰ってきた部長の指示を受けて「さあー、頑張ろう！」と自らを鼓舞しながら、庁内の関係各課の担当者に現地調査結果について報告と今後の作戦協議にまわった。これには事情があった。技術研修員の受入については想定内の事項であったので、出発前に国や県の関係先と事前協議し、可能な限り情報を得ていた。島根県では外務省の補助による「海外技術研修員受入事業」を実施しており、毎年、二名前後の研修員を発展途上国などから招聘して国際協力活動を行っていた。

しかし、昭和六十一年度分は、例年どおり当初二名枠で要望されていたのを途中からブータン王国分の二名枠を追加要望した経緯があった。ところが、私たちとの現地協議の中でさらにブータン政府から期間が短縮されても良いから三名にして欲しいとの新たな要望が出されてきた。そこで、本来八ヶ月の研修期間を六ヶ月に短縮し、二人枠の予算で三人の研修を行うことを外務省に了解を得なければならなくなってきた。

ブータン王国の手漉き紙について

ここで、今回のブータン王国での調査結果について久保田保一氏がまとめられた報告を紹介しておきます。

「ブータン手漉き紙についての見解」　石州半紙技術者会 会長　久保田保一氏

(1)　ブータン紙の現在の需要に対応した紙（包装紙等）としては評価できる。

(2)　用箋紙等薄手のもの、あるいは上質のものを求める場合、次のようなことが考えられる。

①「竹ス」の竹を細くすることによって薄い紙を作ることができる。

②日本ではトロロアオイを使用することによって薄い紙を作っているが、トロロアオイではなくても似た種類の植物はブータンにはないか。

③ブータンの気象条件として午後になると強風が吹き、砂塵が飛び、屋外での乾燥は不可能であろう。そのため現在では室内のシックイ壁に張って乾燥されているが、風よけ、シックイの壁面を滑らかにする等留意する必要があろう。また、現在乾燥期間（一～四日）が一定していないが、鉄板干しを導入するなどの対策が必要であろう。

(3)　現在需要のある製紙が行われており、急激な紙質の変化は、製紙関係者にとって危険な行為であろう。

需要動向あるいは需要の保証等を充分勘案のうえ対応して欲しい。

(4) 現在、ブータンで使用されている原木は、沈丁花科のダフネであるが、楮をさがすとか栽培して使用してみてはどうか。

(5) ブータンにおける伝統ある技術、原材料等で製紙が行われているので、今後ブータンの新たな原材料の発掘、「スゲタ」の改良、乾燥方法等技術の向上に取り組み、伝統のあるブータン紙としての誇りを守って欲しい。

この現地調査報告では、和紙の卓越した技術者並びに和紙製造業の経営者として、ブータン王国の手漉き紙の現状を厳しく見つめながら、同国の政府関係者及び紙漉き業者並びに島根側の関係者に対し、ブータン紙の伝統技術を守りながら如何にして新たな技術導入に取り組むべきかについて温かく示唆に富む助言が行われている。

ブータン王国への技術協力開始

外務省と協議

庁内協議を無事終えて帰ると、外務省経済協力局政策課のＹ事務官に電話をかけた。まず、インドの日本大使館での協議内容を報告し、お礼を述べたうえで庁内での打合せどおり、三人の六ヶ月間研修への変更について説明し、ブータン案件について改めて要望を重ねた。Ｙ事務官は、三月下旬にブータン王国から外務大臣が来日されるので、今回の要望については早めに内部検討のうえ回答したいとの前向きの返事をもらった。

その後、暫くして三月十二日にＹ事務官から朗報が入ってきた。

「ブータン王国の手漉き和紙技術研修員の件は要望どおりに進んでいるので、予定どおり準備を進めてください。参考までですが、今月二十六日にブータンから外務大臣が来日され、二十八日に日本と同国との国交が締結されますので、この案件も両国の友好親善に役立ちますね」

インドの日本大使館で聞いていた話題を思い出しながら、技術研修員受入事業の幸先良い情報を部長室に駆け込んで伝えた。

部長は、私の報告を聞き、ホットした表情で私に一言、言った。

「ヨッシャ、これで大分、前が開けたな。引き続き準備をよろしく頼むよ」

島根県ブータン友好協会発足

ちょっと一息ついたと思ったら、部長室から呼び出しがきた。待ち受けていた部長は、研修員受入スケジュールの概要を確認した後一息つくと、意外な話が始まった。

「君も知っていることと思うが、私は慣例により、三月末に退職することになっているが、君も四月一日の人事異動で今のポストから動くことになったようだ。今後、他の所属ポストに移って技術研修員の担当業務からはずれても、ブータン関係のことにはフォローを頼むよ。

ところで、柳樂君、ブータン滞在中に我々に付き添って案内してくれた日本語を話せる若い男性がいたね」

「はい、確か、ドルジ・ウォンチュックという農林省の技師で、キノコの栽培研修で山梨県に滞在していたことがあると言っていましたね」

「彼が再度研修で来日することになっているので、もし可能であれば島根にも立ち寄りたいと言っていたね」

「そうでしたね。しかし、島根に来るとなると、経費や受入体制の問題が出てきますね」

「そうだ。そこで、今後のことを考えると、例の『ブータン友好協会』の件を至急検討してくれないか」

もう一年は今のポストは動かないと思っていたので驚いてしまった。その上、また、急な宿題が出てきた。そういえば、帰国する飛行機の中で一杯やりながら歓談するうちに「落ち着いたら、島根にも『ブータン友好協会』を作ってブータンに貢献しようじゃないか」と部長が私たち三人にハッパをかけていたことを思い出した。

早速、久保田さんと安部さんに相談し、準備に取りかかった。私たちがブータンへ出発する直前に入った情報で、過去にブータン渡航者が、松江に二人いるらしいと言うことが分かっていた。しかし、時間の余裕がなかったので、取りあえず、私たち四人で協会の形を作り、その後仲間を募っていくことに決まった。こうして「島根県ブータン友好協会」が四月一日に慌ただしく発足することとなった。

三月末から四月初めにかけて本当に慌ただしかった。私自身、予期していなかった人事異動で部内他課の観光振興業務を担任することになり、和紙技術研修関係を含む物産振興業務を後任のＦ氏に引き継ぐことになった。ブータン王国への技術協力については正に道半ばであったため、その後、Ｆ氏に公私ともに多大な迷惑をかけることになってしまった。私の力不足のため、その後も様々な問題でお世話になりっぱなしとなり、今日に至っても感謝の念で一杯である。

しかしながら、宮仕えの身では命に従うしかなく、その後は、ブータン友好協会員の立場で側面的に技術協力事業に協力することになった。

また、田黒部長は退職後、故郷隠岐の隠岐汽船の社長に就任することになり、ブータン友好協会会長と民間企業の立場で協力していただくことになった。

ブータン人初来県

和紙技術研修員の受け入れ準備を進めていた矢先に飛び込みの情報が入ってきた。五月十九日に、日本ブータン友好協会員の㈱モナ社長西村光弘氏から「ブータンの農業技術研修員来日」の情報が入ってきた。西村さんは横浜で貿易商を営んでおり、既述のようにインドとの交易が中心でブータンにも良く足を延ばしているブータン通の方だった。その西村さんによると、ブータン訪問中に私たちの通訳を務めてくれたドルジ・ウオンチュック氏以下三名の研修員が、三月下旬から山梨県にある「秋山種菌研究所」に入所し、キノコ栽培技術の研修を受けている。一行は五月末で研修を終えるが、ウオンチュック氏ともう一人の研修員が島根県の農業技術を視察したいと言っているので協力していただきたいとのことだった。

ウオンチュック氏の来日については予想はしていたことではあるが、来県が現実のことになってくると緊急課題が生じてきた。一行の来県は公式行事ではないので、準備や経費の問題はすべて誕生ほやほやの島根県ブータン友好協会の四人組で対応しなければならない。

そこで、急遽、協会の体制を強化することになり、田黒会長の尽力によって正会員二名と一七名の賛助会員に加わっていただき、さらに一行の歓迎諸行事経費への支援募金も集めることができた。また、東亜国内航空会社の協賛により二人の航空券のサービスも受けることが決まり、何とか準備体制が整ってきた。このとき、驚いたことに新たに加わった二人の会員は本田美智子さんと娘さんで、娘さんの高校時代のペンフレンドの招きで私たちより一年半前（一九八四年）に島根県人として初めてブータンを訪れていたことが分かった。

ブータン王国農業技術者（キノコ栽培）、県内視察

六月七日、やっとブータン王国から初めての訪問客を島根県に迎える日がやってきた。今回の訪問には、県商工労働部の配慮により、県の公用車を出してもらうことができ、安部信一郎さんの車と二台で田黒会長以下三人が出雲空港に出迎えに向かった。

空港の到着ロビーで待ち受けていると懐かしいウオンチュック氏の顔が見えてきた。三ヶ月半ほど前にブータンで私たちに付き添って案内してくれた同国農林省の三十二歳の役人で、大きめな眼鏡と鼻ひげが似合う（?）好青年であった。もう一人はウオンチュック氏の助手で二十一歳のタシ・ドブゲイ氏であった。田黒会長が再会を喜び、二人と握手しながら大きな声で長旅のねぎらいと歓迎の言葉をかけた。

暫しの歓談の後、早速、田黒会長以下三人が分担しながら、左記のとおり五日間にわたる県内各地の農業関係施設などの視察に出発した。

訪問先では、どこも秘境ブータン王国の珍客を迎えて、戸惑いながらも温かく迎えていただき、双方が珍問、難問など様々な質問を交わしながら貴重な情報交換を楽しく行うことができた。

ブータンでは、工業などの国土の急激な開発は望んでおらず、同国に在住する唯一の外国人技術者西岡京治氏の指導により、農産業の振興に力を入れて農産業の多角化と商品作物の育成に取り組んでいた。ウオンチュック氏は、その方策の一端としてキノコ栽培技術の修得に取り組んでいるが、ブータンで適応できる新たな農産物の研究材料も探しているらしく、今回訪れた島根でも牡丹やワサビや果樹などに興味を示し、関係施設で熱心に聞いていた。

県内視察日程

月日	視察行程・行事等	
六月七日	安部榮四郎記念館↓大根島（朝鮮人参栽培地）	ホテル泊
八日	松江市、大社町内観光	民泊（柳樂宅）
九日	島根県知事表敬訪問↓県畜産試験場↓県農業試験場↓歓迎会	ホテル泊
十日	県農業大学校↓大田市三瓶町（ワサビ栽培地）	民泊（安部宅）
十一日	県海外協会（県総務課）	

県庁へ知事表敬訪問

六月九日に、恒松制治島根県知事が運良く在庁で、田黒会長の案内で表敬訪問することができた。恒松知事には、既にブータン王国への和紙技術協力の案件で、同国との交流経過については十分理解していただいていたので、今回の訪問者を気持ちよく歓迎していただいた。私たちが知事室に入っていくと、二人のブータン青年の民族衣装に目を見張りながら、島根県の視察団がブータン王国を訪問した際に受けた厚遇に対してお礼を述べられた後、ブータン王国について尋ねられるとともに、今後の島根県と同国の友好交流の進展への期待を述べられた。これに対し、ウオンチュック氏は、島根県に入ってから格別の配慮により優れた

ブータン王国農業技術者、県知事表敬訪問

農業施設などで見聞を広めることができ感謝している。ヒマラヤ連峰のすそ野にある未開発のブータンにとっては学ぶことばかりなので、これからも島根県の指導と支援を期待している旨、お礼と期待の言葉を述べて退室した。

友好協会主催歓迎会

その日の夜、県ブータン友好協会主催の歓迎会が松江市内で協会員、賛助会員など二五名が参加し、和やかに開催された。出席者の皆さんはブータン王国に関する情報が乏しかったので、同国は日本から実際の距離以上に遠く、まさに「秘境ブータン」であり、不思議な未知の国であった。皆さんが会場に入った時、まず、世界地図を見て同国がインドやバングラデシュに隣接していることを知っていた方は二人の風貌、膚の色が自分たちに意外と近いことに気づき驚かれたようであった。

確かに、八〇〇〇m級のヒマラヤ連峰に遮られたインド側に位置する同国の人々が、モンゴル人やチベット人と同じルーツを持つ民族とは想像しがたい。私自身も初めて知った時には大変驚いていた。

やがて、田黒会長が挨拶の中で二人をユーモアを交えて紹介すると、会場から矢継ぎ早に質問が飛び出してきた。

「二人の服装が日本の着物にそっくりだが、日常生活で着ていますか?」「ブータンの気候は暑いですか? 寒いですか?」「ブータンでは何を食べていますか?」「ブータン人の宗教は何ですか?」などなど。世界不思議発見のブータン編の始まりのような雰囲気で開幕した。これらの質問には二人のスピーチの中で答えられたが、皆さん、二人のブータン青年に興味津々で珍問答も出て来るやら楽しい宴が続いていた。まだまだ分からないことだらけのようだったが、愉快な歓談の時間があっと言う間に過ぎてしまい、別れを惜しみつつ閉会となった。

六月十一日に、ウオンチュック氏達を出雲空港で見送って県ブータン友好協会の初仕事が無事に終わった。この五日間二人の青年に付きそい、我が家にも迎えて楽しく意義深い日々をともに過ごすことができた。彼らとの語らいの中で、心の底からブータン王国の発展を願い、農業技術の向上に一生懸命に取り組んでいることが良く分かり、日本の明治維新当時の若者達のような意気込みが感じられて頼もしく思えてきた。

今回の行事は大変急な取り組みであったが、近隣の有志の方々から温かい援助をいただいたお陰で、島根県とブータン王国との友好親善に初めて貢献できたと感謝しながら田黒会長以下、満足そうに顔を見合わせていた。

ブータン王国農業技術者、県農業試験場視察

手漉き和紙技術研修開始

手漉き和紙技術研修員受け入れ準備進む

四月の下旬になると、県の人事異動後の慌ただしさも落ち着き、時々、関係者が集まって「海外技術協力事業」の推進について協議が行われた。事業の行政上の諸手続は既に商工振興課のF氏の手で着々と進められており、私は、ブータン友好協会の立場で側面的に情報提供と非公式ルートでの連絡を担当させてもらった。

その結果、かなり手間が掛かったが、関係者の尽力によりブータン政府通産電力省工鉱業課のサンゲイ課長代理から三人の候補者の関係書類が送られてきて手続が進み、七月中旬に三名の研修員が来日することになった。その後の調整の結果、予定では七月十三日に大阪から入国し、神戸で一ヶ月ばかり日本語研修を受けた後、翌年一月中旬まで島根県内で和紙技術研修を受けることになった。

手漉き和紙技術研修員来県

ブータンから研修員三人がやっと、七月十三日に大阪空港に到着した。県の担当者が空港まで出迎え、日本語研修を受けるために神戸の「兵庫インターナショナル」に案内し、入所手続を終えた。三人には初めての異国での生活と難しい日本語学習で大変な日々が始まった。

○技術研修員の顔ぶれ

ノルブ・テンジン氏…三十三歳、ブータン西部出身、政府職員（産業課技術員）

イエシー・ドルジ氏…三十七歳、ブータン中部出身、製紙業

ティンレイ・ウオンチュック氏…三十五歳、ブータン東部出身、製紙業

○滞在日程

月日	
七・十三	来日（大阪着）、兵庫インターナショナルセンターに入所（日本語研修）
八・十九	来県
八・二十	八雲村（出雲民芸紙協同組合理事長安部信一郎氏方）で和紙技術研修
十一・一	三隅町（石州半紙技術者会会長久保田保一氏方）で和紙技術研修
一・十四	離日（大阪発）

　三人の研修員は神戸での日本語研修を終えると、当初の予定より十日ばかり遅れて、八月三十日に国鉄松江駅に到着した。駅には、県の関係課と県海外協会の担当者とブータン友好協会から田黒会長以下三人が出迎えて全員が県教育会館に移動した。ここで、同じく県事業（他業種）の二カ国の研修員と共にこれからの研修計画についてのオリエンテーションが行われた。研修員達は一ヶ月ばかりの日本語研修を受けており、平仮名の読み書きができ、日常会話が少しできるようになっていた。しかし、日本語での意思の疎通は、十分でなかったためこれからの技術研修が気がかりであったが、最初は手取り足取りの身体で覚えることであるし、ノルブ・テンジン氏が英語を話せることも分かったので大丈夫だろうと安部氏と話し合った。

　翌日、研修員達は田黒会長の案内で県庁を訪ねて恒松知事、水津副知事と河田商工労働部長を表敬訪問した。例によって秘境ブータン王国からの客人を温かく迎えていただき、歓談の中で出された様々な質問に研修員達は、たじろぎながらも田黒会長の助けをもらい一生懸命に片言の日本語で答え、これからの研修への期待を述べていた。

八雲村で手漉き和紙技術研修開始

九月一日に八雲村に入り、出雲民芸紙業協同組合理事長の安部信一郎氏のもとで、いよいよ和紙技術の研修が始まることになった。安部氏の自宅近くには、人間国宝であった祖父の故安部榮四郎氏の遺徳を顕彰する「安部榮四郎記念館」があり、和紙技術と和紙文化を学ぶのには絶好の場所であった。しかし、受け入れ準備は大変であった。

安部氏はブータンでの現地視察でブータンの文化や生活習慣の概要については理解しており、さらに三人の研修員の内のノルブ・テンジン氏とイエシー・ドルジ氏には現地で面会していた。しかしながら安部氏の家族の皆さんはこれまでにも外部からの研修員を受けた経験があったけれども、全く未知の国から三人も一緒に受けるのは初めてで大変心配されていた。特に、彼らの日常生活は良く分からず、食べ物が心配であった。そこで家族と相談の結果、自宅の離れ家で三人に自炊生活をしてもらうことになっていた。

このようにして安部氏とご家族関係者の理解と支援により、研修員達は自ら作ったブータン料理を食べながら、紙漉き技術の本格的な研修に取り組むことが可能になった。また、純朴で真面目な三人は近隣の住民からも親しまれて励まされながら、異国の村の環境に少しずつ慣れて順調に技術修得に励んでいた。

え、心臓病ですか？

研修員たちが八雲村にやって来てから早一ヶ月半が過ぎ、村での生活に少しずつ慣れて紙漉きにも熱が入り出していた。安部さん一家も遠方の見知らぬ国からやってきた三人の世話に明け暮れながらも少し落ち着いてきた頃だった。

十月十六日の朝のことだった。皆が起きるとノルブ・テンジン氏は咳をし、いつもの元気がなかった。安部さんが体温計を渡して熱を測るとかなり高かったので、大事を取って近くの佐貫内科医院に連れて行って診てもらった。佐貫先生は、珍しい異国の患者にちょっと驚きながらテンジンさんの診察を始められた。先生はテンジンさんの胸に聴診器をあてながら丁寧に肺や心臓の音を聞かれていたが、やがて驚くべき診察結果を告げられた。

「安部さん、患者さんの今の症状は感冒ですから、すぐ、その処置はいたしましょう。ところで、もう一つ、別の心配なことがありますね」

「先生、それはどういうことでしょうか」

「実はね、心臓の方に大きな疾患があると思われます。感冒が治ったら早めに専門の病院で精密検査を受けられた方が良いですね」

安部さんは、まさに寝耳に水で驚きながらすぐ県庁商工振興課のＦ主幹へ報告し、今後の対応について指示を仰いだ。

ノルブ・テンジン氏、心臓疾患検査入院

安部さんからの報告で県の手配が進み、テンジン氏は十一月四日に松江赤十字病院で心臓の精密検査を受けることができた。その結果、「大動脈閉鎖不完全症で、心臓の大動脈にある弁の一つに異常がある。先天性のものか、又は八歳未満の段階で生じたものと考えられる。今直ちに日常の生活に危険はないと思うが、放置すれば心臓肥大が進み心不全を起こす恐れがあるので、体力のある四〜五年内の早い時期に大動脈弁の取替の外科治療を行った方が良い」との診断結果が県に告げられた。

これを受けて、県では直ちにテンジン氏の意向を確認のうえ外務省と協議が行われた結果、テンジン氏は研修を続けることになり、今後の対応は県の方でブータン王国や日本の

関係先と相談のうえ検討されることになった。

遅ればせながら研修員激励会

テンジン氏が風邪から回復し、八雲村での三人の研修も終わりに近づいた十一月二十六日に遅ればせながら、県ブータン友好協会主催の「研修員を囲む激励会」を開催した。そもそも日程調整がつかず、歓迎会開くことができなかったのは、事務局長の柳樂の責任であったのだが…。

多忙な時期に、急な呼びかけであったが、二〇人ばかりの皆さんが集まってきた。出席者の多くは、テンジン氏の心臓病のことが耳に入っていたらしく、しきりに見舞いの言葉をかけていたが、本人はまだ疾患の自覚症状がないということで、恐縮しながら笑顔で挨拶を交わしていた。元々、ブータンの人々はシャイな人が多いので、ご多分に漏れず三人も質問に戸惑いながら、片言の日本語で答えていた。

出席者の中に、貴重な人が一人加わっていた。この方は研修員達が後半の研修で入る予定の三隅町内にある明光寺の若い僧侶の竹内友成氏であった。同氏は一九八五年に仏教関係者の研修旅行でインドを訪れた際に、ブータン王国も訪問されていたとのことだった。これで私たちの視察団より前に三人の訪問者が県内にいたことが分かり、友好協会の正会員が七人になって心強くなってきた。

三隅町に移動し、研修継続

テンジン氏は感冒が治ってから紙漉きの技術研修を再開し、予定どおり八雲村での研修を終えて、十二月二日に次の研修地である県西部の三隅町に入った。三隅町では石州半紙技術者会会長の久保田保一氏のもとで、後半の研修を受けることになっていた。石州半紙技術者会は、久保田さん以下七軒の和紙製造業者で構成されていて、国の重要無形文化財に指定されている優れた和紙の伝統技術を保持する方々が活動されていた。久保田さんは既述のようにブータンでの現地視察を行われており、三隅町は八雲村と同じように三人の研修の場としては願ってもないところであった。

ところが、到着したその日に大変なことが起きてしまった。三人が宿泊させていただく予定の家庭で、最近不幸があったことを知った三人から「ブータンでは、不幸があった家へ四十九日を過ぎないうちに他人が宿泊すると、その者に禍が起きるという宗教上のタブーがあります。申し訳ありませんが、宿泊先を変更していただけませんか」と泣きつかれてしまった。

久保田さんは思いもしなかった問題に困り果ててしまったが、運良く、町内の皆さんの協力により借用できる一軒家が見つかり、三人はすぐに移ることができた。これで八雲村の場合と同じように三人の自炊生活が始まることになり、皆さん、安どの胸をなでおろされた。

三隅町の皆さん、研修員に温かい支援

半月程立ってから、三隅の久保田さんに三人の様子を尋ねてみた。

その後、テンジン氏の健康状態に変化はなく、三人皆順調に久保田氏と子息の彰氏のもとで紙漉き技術の基礎から応用まで特訓を受けていた。楮の皮はぎ、紙漉き、紙の乾燥、そして和紙染め、封筒や帳簿など和紙を使っての加工品作りにも取り組んでいた。さらに、三隅町には和紙の代表的な原料である楮が栽培されており、丁度刈り取り時期だったので、三

人も刈り取り作業も体験することもできた。

　また、研修員達の情報が広まるにつれて、彼らの様子見や激励にたずねて来る人が多くなってきた。近隣の人々や学校の児童生徒たちも訪れて研修員と歓談し、交流を深めていただいていた。さらに、三賀森勝町長以下町内の関係者や石州半紙技術者会の皆さんにより研修員の盛大な歓迎会も催され、温かく激励していただいていた。

　そんな中で、気さくな三賀森町長と歓談するうちにテンジン氏は打ち解けてきて本音を語り始めた。

「町長さん、私たちは、三隅町の皆さんに大変お世話になり、久保田先生に素晴らしい和紙の技術を教えていただき、本当に感謝しています。でも私たちがブータンに帰ると、日本のような素晴らしい紙漉き用具や設備がありません。私たちがせっかく学んだ技術が役に立ちません」

　これは、また新しい課題が出てきて、三賀森町長を大変悩ませることになってきたようだった。

テンジン氏の心臓病について

研修員達が順調に研修を続けている間に、県庁ではＦ主幹を中心にテンジン氏の心臓病問題について、ブータン政府、日本の外務省そして松江赤十字病院、ブータン友好協会の間で頻繁に協議が行われていた。その結果、これまでに明らかになってきた大きな問題と対応策について検討され、今後の対応については関係者間で次のように確認された。

【心臓病問題と対応策】

一．大動脈閉鎖不完全症は放置すると心臓肥大が進み、心不全を起こす恐れがあるので早期に、大動脈弁の取替手術を受ける必要がある。（松江赤十字病院では、研修終了後、一月下旬以降で受け入れ可能）

【対応】研修終了後三人ともに帰国し、ブータン政府、家族へ報告、協議のうえ、再度、来日して手術を受けたいとのテンジン氏の要望を尊重する。

二．取り付ける大動脈弁に二種類あり、人工弁は生涯使えるが薬の服用が不可欠となる。豚の弁は薬の服用は必要ないが、耐用年数に限りがあり、再手術が必要になる。

【対応】ブータンの国立病院で、テンジン氏の薬剤の確保などのアフターケアが可能であるとのブータン政府の回答があったので、人工弁とする。

三．心臓手術経費及び関連経費の負担をどうするか。（公費負担はブータン政府、日本外務省、島根県ともに不可能との回答）

【対応】松江赤十字病院に支援を仰ぐとともに、関係諸団体の協力のもと島根県ブータン友好協会が中心になり、テンジン氏支援募金活動を行う。

年が明けて昭和六十二年（一九八七）一月八日に、県庁でブータン王国研修員の心臓病問題について関係者会議が開かれた。これには県の関係課職員とブータン友好協会員（久保田、安部、柳樂）が参加して、研修員の和紙技術研修成果の確認と、テンジン氏の心臓病問題対策について協議が行われた。その結果、次のことが確認された。

一．研修員は三人とも一月二十六日に県庁で技術研修修了式を終え、一月二十八日に大阪空港から帰国する。

二．テンジン氏の心臓の手術は、松江赤十字病院で三月中・下旬頃実施とし、テンジン氏の再来日の日が分かり次第、手術日を決定される。

三．手術関係経費は約三五〇万円（内、人工弁は、ドイツ製で約八〇万円）で、研修員が入っている保険は適用されない。

四．支援募金活動は準備を進めておいて、テンジン氏の再来日の日程が分かってから開始する。

手漉き和紙技術研修終了

ブータンの三人の研修員は、八雲村と三隅町での研修を予定どおり終えて一月二十六日に県庁を訪れ、研修修了式に出席した。続いて恒松知事や水津副知事に面会し、和紙技術研修の成果を報告するとともに、島根県から受けた温かい支援に対しお礼を述べた。これに対し、知事から祝福と研修員の健康を気遣う温かい激励の言葉をいただき、恐縮しながら退室した。

この後、今後のこともあるので田黒会長の案内で県庁内にある記者室を訪問し、和紙技術研修の終了について報告するとともに、テンジン氏の心臓病についても発表させてもらった。発表を聞いた記者の皆さんは、遠路はるばる見知らぬ国から訪れた研修生と予期しなかった重い心臓病に大変関心を持たれ、同国の国状やテンジン氏の今後の見通しなどについて沢山の質問を受けた。テンジン氏の日本語が十分でなかったので、田黒会長がこれまでの経過について補足説明し、さらに今後ブータン友好協会が県内外に呼びかけてテンジン氏への支援活動に取り組もうと考えている旨回答した。

その夜、三人を囲んでブータン友好協会主催の送別会を開いた。研修期間わずか半年余りの内、島根の滞在は五ヶ月間で、あっと言う間に過ぎてしまった。会場では三人の研修員から和紙技術研修中の体験談や様々な思い出話を聞かせてもらい、大いに盛りあがった。皆さんが、国民性や生活習慣の違いによるハプニングなどに戸惑いながらも、一生懸命に研修を終えた三人の労をねぎらい激励していた。

やがて、三人の前途を祝し、別れを惜しみながら散会した。帰途につきながら、ふと、私には大きな課題と大仕事が待ち構えているのを思いだして気を引き締め直した。課題は、テンジン氏の発言（手漉き和紙用の設備、機材の確保問題）であり、大仕事はこれから取り組む募金活動であった。

技術研修員一行、帰国

翌二十七日、三人は国鉄松江駅から大阪に出発する日だった。駅頭で県の関係者と協会のメンバーが三人の嬉しそうな顔を見て安心しつつ、周囲を見てちょっと驚いた。三人皆、研修中に頂いた土産や買い物が詰まっているらしい大荷物をいくつも抱えて重そうだった。県商工振興課のＦ主幹が明日、大阪空港から離日するまで引率するが、既に大阪にもかなりの荷物が別送されているとのことで、空港での荷物処理が大変だと心配していた。

発車時刻が来ると、三人は別れを惜しみながら、最後の握手を交わして列車に乗り込んだ。私たちは三人の前途の幸運を祈りながら列車を見送っていた。

協会の面々も一段落した気分で帰途につき、私も県庁の職場に戻った。自席に着いて改めて今朝の新聞を読みあさってみると、地方紙は勿論のこと全国紙のすべてにテンジン氏の心臓病問題が大きく取り上げられており、協会の支援活動の件についても詳細に載せられていた。

記者の皆さんに大変感謝する一方で、今後の県民の皆さんの反応が気になり、募金活動の準備を急がねばならないと強く感じた。

テンジン氏支援募金活動が始まる

募金活動準備

一月二十六日の新聞報道後、早速、テンジン氏への支援募金について問合せの電話や手紙が入ってきだした。協会としては手術の日程が決まり次第、一気に開始する予定であったので、しばらくの間温かい申し出に気を遣いながら、もう少し待っていただくように理解していただいた。

これには気になる理由があったからだった。テンジン氏には、帰国してから業務報告や問題協議が沢山あったのも事実だが、最も重要なことは心臓の手術の是非についてラマ教（チベット仏教）の高僧に相談し、祈祷を受けることであった。ここで手間取ると再来日そのものが決まらない恐れがあったからだった。

三月三日にやっとブータン政府の工業鉱業課のサンゲ氏から県庁に正式な回答があり、

テンジン氏の再来日が三月二十二日に決まった。ブータンからの回答を待ち続けていただいた松江赤十字病院に急いで連絡され、病院では直ちに内部協議が行われた結果、三月二十三日に入院し同月三十一日に手術が行われることが決定した。

さあ、慌ただしくなってきた。県商工振興課のＦ主幹と今後のことについて協議し、協会としては早速、予定していた行動計画に沿って、テンジン氏の旅費や滞在費等の諸経費を含めて目標額一〇〇万円の募金活動の準備に取りかかった。

三月十日に久保田、安部両副会長と私が県庁記者室を訪れて、テンジン氏の心臓手術の予定と支援募金活動について報告し、協力を要請した。この要請に先立って、一月二十六日にテンジン氏が、一時帰国する際の挨拶に記者室を訪れて心臓手術の予告をしていたので、報道各社の記者の皆さんは好意的に素早く対応していただき、翌日の各社の紙面に「ブータン青年を救おう」と、大きく取り上げていただいた。

協会も新聞報道に呼応するように、三月十一日に田黒会長がまず、県庁内の知人有志を訪ねて募金用のいわゆる「奉加帳」を預ける募金活動を開始した。次に久保田副会長、安部副会長と私がそれぞれ関係団体や関係者を頼って協力依頼に訪問行脚を開始した。どこを訪ねてもテンジン氏の情報は伝わっており、募金に快くご協力をいただいた。

テンジン氏再来県

三月二十二日にテンジン氏が大阪空港に到着した。テンジン氏はブータン帰国後、和紙技術研修の総括や、今後の取り組みなどの公務の処理と自身の心臓手術問題で大変な日々を過ごしたようであるが、松江赤十字病院や関係者の厚意にすがることに意を決しての再来県であった。

翌日、テンジン氏が松江に到着すると、県関係者と協会員が出迎えて再会を喜び合い、ささやかな昼食会が催された。しかし、テンジン氏には時間の余裕はなく、次の行事が待ち受けていた。早速、私たちと一緒に急ぎ足で県庁の記者室に駆けこんで記者会見に臨んだ。県と友好協会からこれまでの経過の説明が終わると、待ち受けていた記者の皆さんが、テンジン氏に入院前の今の気持はどうかとたずねた。テンジン氏は、「私は皆さんのおかげでまた日本に来ることができました。手術のことは心配していません。島根で手術を受けることができるのは本当に幸せです。本当にありがとうございます」と深々と頭を下げ、お礼の言葉を述べた。

記者会見を終えると、テンジン氏は記者の皆さんに見送られながら、そのまま入院のため松江赤十字病院に向かった。

心臓の手術、成功

三月三十一日の午後四時半過ぎに、テンジン氏の手術が無事終わったとの情報を受け、「あー、よかった」と、ほっと一息つくと松江赤十字病院の事務局を訪れて、慌ただしく電話応対等に追われていたK部長に感謝の意を伝えた。K部長にテンジン氏の様態をたずねると、手術は無事に終了したものの集中治療室で治療中であり面会はまだできないので、もう少し静かに待っていて欲しいとのことだった。

当時、山陰の総合病院では心臓の外科手術がまだ珍しい時代であった。そのうえ民間支援による外国青年の手術であったため、報道各社の関心が大いに高まり、病院事務局では取材攻勢への対応に苦慮されていることが良く分かった。今回の案件の当事者としては、双方の立場にある温かい心遣いが深く理解できるので大変心苦しかった。

翌々日の新聞を開くと各紙の紙面に「心臓の手術に見事成功」の大きな見出しと、松江赤十字病院の病室で、テンジン氏が高橋勝院長と主治医の松田光彦心臓血管外科部長の二人に笑顔で喜びを語る写真が大きく載っていた。

ブータン青年テンジンさん

心臓手術に見事成功

医師4人で執刀5時間 経過良好、ひと安心

松江赤十字病院

紙すきの研修で来県中、心臓病と分かったブータン王国の公務員ノルブ・テンジンさん(三四)が三月三十一日、松江市母衣町の松江赤十字病院（高橋勝院長）で五時間に及ぶ手術の末、心臓への人工弁取り付けに成功した。手術後の経過は良好で、テンジンさんは「皆さんの募金で助かりました」と、善意と友好の輪に感謝していた。

テンジンさんは、同国の青年二人とともに昨年七月から半年間、八雲村と三隅町で紙すきの技術を学んでいた。昨年十月、風邪にかかり診察を受けたところ、手術が必要と診断された。しかし、ブータンでの手術は困難で、多額の医療費もかかるため、県ブータン友好協会（田黒輝夫会長）などが中心になり募金を呼び掛け、松江赤十字職員の募金「愛の灯」を使うことにし、手術に踏み切った。

手術は、同病院の松田光彦心臓血管外科部長、添田健司副部長ら四人医師が担当、スタッフを組んだ。通常なら約三時間で済む手術だが、胸を開くと心臓を保護する心のうが炎症を起こしており、五時間に及ぶ大手術となった。しかし手術は順調に進み、心配していた動脈硬化もなかったという。術後の経過もよく、順調にいけば一カ月で退院できる見通しという。

テンジンさんは一日昼、茶わんに半分おかゆを食べ「終わってホッとした」と第一声。高橋院長らとガッチリ握手した。「早く良くなって、お世話になった人たちと一緒にブータンを歩きたい」と力強く話していた。

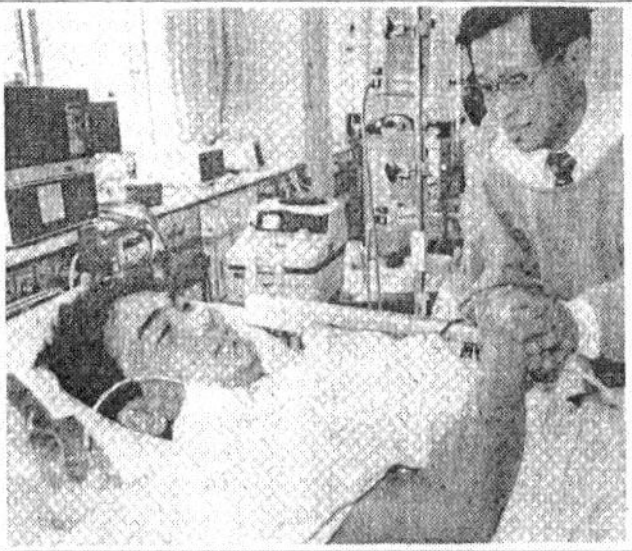

心臓病の手術を終え、高橋院長㊨とガッチリ握手するテンジンさん＝松江赤十字病院の集中治療室

「ノルブ・テンジン氏、松江赤十字病院で心臓手術」　山陰中央新報（1987.4.2）

「ノルブ・テンジン氏、松江赤十字病院（高橋勝院長）の関係者に見送られて退院」
（1987.5.11）

数日後、県赤十字血液センター総務課長の高橋良次氏を訪ねた。同氏は国際交流活動の親しい仲間で松江赤十字病院にも長く勤務しており、テンジン氏の件については温かい支援をいただいていた。そのお礼を述べると、今回の案件での病院側の格別の配慮と大変な苦労話について聞かせてもらい、テンジン氏が各方面の異例尽くめの善意の支援の輪によって救われたことを思い知らされ、ただただ、感謝の気持ちに浸っていた。

テンジン氏、退院そして帰国

松江赤十字病院で心臓の手術を受けたテンジン氏は、その後手術の傷口の治癒に日数がかかり、やや長めの入院になったが、病院のスタッフの皆さんから手厚い看護を受け、十分休養をとることができて良かったようだ。その間、ブータン王国から高橋院長にテンジン氏の入院治療に感謝する礼状が届き、すっかり元気になっていたテンジン氏は、五月十一日に無事退院の日を迎えることができた。

その日の午前十時から病院の計らいで退院に先立って記者会見が開かれた。最初に、報道陣をはじめ病院関係者など多数の来場者を前にして、テンジン氏から高橋院長にお礼状が手渡された。次に田黒ブータン友好協会長から高橋院長に対して、お世話になった同病院の「愛の灯」基金への今回の支援募金の一部の贈呈が行われた。実は、協会が取り組んだテンジン氏支援募金が目標額の一〇〇万円を突破して約二五〇万円も集まっており、予定外の行事が緊急に追加されていた。続いてテンジン氏から改めて、病院関係者、支援募金関係者、そして支援を呼びかけてくれた報道陣に対して心からのお礼の言葉が述べられた。

　その後、報道陣の質問に答えて、主治医の松田部長から経過説明があり、事前検査の結果、万全を期して、本人の血液を事前に確保しておいて輸血を避けたことや、「大動脈弁閉鎖不完全症」の他に予期していなかった「心のう炎」による癒着があったため、手術が予定より長引いたが無事成功したと、松田部長はテンジン氏の方を笑顔で振り向きながら話し終わった。

　記者会見が終わると、病院の玄関に高橋院長以下病院の事務局スタッフ、看護婦の皆さんが勢揃いし、お世話をいただいた看護婦代表の方から花束がテンジン氏に贈られ、別れを惜しみながら退院していった。

　テンジン氏は、その足で県庁内や八雲村をまわり、支援募金のお礼と帰国の挨拶にまわった。翌日は和紙技術研修でお世話になり、さらに小中学校の生徒たちまで沢山の町民から支援募金に協力をいただいていた三隅町を訪ねてお礼の挨拶にまわった。

そして、五月十三日にテンジン氏が和紙の技術研修の期間に物心両面で最もお世話になった三隅の久保田彰氏と八雲の安部信一郎氏に送られて別れを惜しみながら大阪空港から帰国の途に就いた。

テンジン氏、三度目の来県

テンジン氏が帰国して二年が過ぎた平成元年（一九八九）の夏に、突然ブータン王国の情報が入ってきた。テンジン氏が同国の政府職員とともに来日する機会があり、同氏だけが島根県に立ち寄りたいとのことだった。

テンジン氏は帰国後、健康状態に特別の異常はなかったが、松江赤十字病院の松田部長に時々便りを出して健康状態を伝え、アドバイスをいただいていたようだ。同氏の希望では今回の来日のタイミングに松田部長に心臓の状態を診察してもらいたいとのことだったので、直ちに同病院に連絡して日程調整していただいた。

八月二十五日の夕刻、テンジン氏が東京から列車で松江に到着し、待ち受けていたブータン友好協会などの関係者で歓迎夕食会を催した。二年ぶりの再会で、テンジン氏の健康回復を祝しながら島根滞在中の思い出話や最近のブータンの話題などで大いに盛りあがった。

翌日、テンジン氏と私は列車で三隅町に向かった。テンジン氏には同町に向かう二つの目的があった。一つは当然ながら和紙技術研修と心臓治療支援へのお礼であったが、もう一つ、三隅町長へのお願いごとがあった。このことは二年前からの懸案事項で「和紙製造設備支援」の案件であった。このことはテンジン氏の今回の来日前から私も気になっていたが、実のところ、三隅町で一年程前から役場内部でこの案件について検討が進められているとの情報を最近耳にしていた。

三隅町の三保三隅駅で石州半紙の久保田保一、彰両氏に合流し、四人で午前十時頃に三隅町役場に到着した。役場には、三賀森町長と泉川総務課長が待ち受けて迎えていただき、さらにテンジン氏の心臓疾患問題以降、取材と支援報道を継続してくれていた毎日新聞社の記者が同席していた。

テンジン氏は、真っ先にこれまでの役場や町民の皆さんからいただいた物心両面の温かい支援に対して、三賀森町長に心からのお礼を申しあげた。しばらく、テンジン氏の体調についての質問や思い出話があり、やがて町長からブータンでの紙漉き作業の状況をたずねられると、テンジン氏がおもむろに帰国後の状況を話し始めた。

「町長さん、ブータンに帰ってから紙漉きをがんばっていますが、やっぱり三隅で作ったようないい紙ができません。ブータンには三隅町にあるような上等で使いやすい紙漉き用具や設備がありません。折角、ここで勉強した紙漉き技術があってもいい紙ができません。どうか、紙漉き用具と設備をブータンにおくってもらえませんか。そうすれば、私たちも必ずいい紙を作れますのでお願いします」と町長に切々と訴えた。

実は、三賀森町長は三年前にも研修のため滞在中だったテンジン氏達からの要望を耳にしており、笑顔でテンジン氏を励ますように答えた。

「テンジン君たちの窮状は良く分かった。ブータン王国との友好親善のためにも和紙技術援助を是非実現したい。現在、役場で関係先々とも相談しながら予算措置などの問題を検討しているので来年度まで待って欲しい」

この願ってもない回答を聞いて、テンジン氏はもとより同席していた私たち関係者も三賀森町長の心温かい決断に感嘆し、笑顔で頷き合った。

この後、テンジン氏は久保田邸に寄って、久保田さん一家と思い出話を楽しんだり紙漉きのことで指導を受けたりし、三隅町の懐かしい人々と旧交を温めて充実した一日を過ごすことができた。

テンジン氏、松江赤十字病院で心臓検診

翌日、テンジン氏は三隅から松江に帰り、週明けの八月二十八日に予約していた松江赤十字病院に赴いた。病院には手術でお世話になった主治医の松田光彦先生が待ち受けていて、にこやかに迎えてくださった。早速、血液循環機能の諸検査が行われ、松田先生からその結果について説明があり、特に異常がないことが分かった。テンジン氏は一安心して、お礼を言いながら松田先生としばらく歓談した。そして、「先生、一度ブータンにいらっしゃいませんか。ブータンの珍しいところや病院を見てもらいたいです」と言った。松田先生はにこにこしながら「行きたいけどね。忙しすぎて難しいね」と残念そうに答えられた。実はテンジン氏の退院後、これまでもブータン政府から病院側に打診があり、アフターケアの件もあるので病院内部でブータン訪問が検討されていたが、関係者が多忙なため実現していなかった経緯があったらしい。

病院を出ると県庁を訪れ、二年ぶりに商工労働部をはじめお世話になった関係部局を回

り、懐かしい人々に健康回復ぶりを報告してお礼を述べた。

最後に、安部信一郎氏宅を訪れて、三年前の和紙技術研修や心臓病発見の端緒となった感冒の思い出等を懐かしんだ。振り返ると島根県とテンジン氏との長い交流はまさに、ここから始まったとも言える大きな出来事だった。

翌日八月二十九日に、テンジン氏はブータン友好協会員たちの見送りを受け、別れを惜しみながら元気に松江駅から列車で帰途についた。

三隅町、ブータン王国へ国際技術協力

三隅町からの贈りもの

テンジン氏が長らく待ち望んでいた三隅町からの贈りものがいよいよブータンに届くことが決まった。三賀森町長と関係者の尽力により、日本式の紙漉き機材一式（約五〇〇万円相当）が平成二年（一九九〇）十月にティンプーの紙漉き工場に贈られるとの情報が三隅町役場から島根県庁にも伝わってきた。

やがて、三賀森町長から島根県商工労働部と県ブータン友好協会に協力要請があり、紙漉き機材の贈呈に合わせて、ブータン王国を訪問する同町長に県工業技術センター職員の野田修司氏が同行し、さらに、県ブータン友好協会から、田黒輝夫会長と事務局長の私が同行することになった。

ブータン政府との調整や諸準備は三隅町の方で進められており、紙漉き機材は既に船便で発送済みでティンプーに十月二十五日に到着する予定になっていた。また、紙漉き工場に機材を設営するために、石州半紙技術者会の紙漉き技術者久保田保一氏と川平正男氏が先発隊として十月二十二日に現地入りするとのことであった。

三隅町長一行、ブータン王国へ出発

十月三十一日午後三時頃、三賀森町長と県関係者三人はいよいよブータンに向かって大阪空港から出発し、経由地のインドのデリー空港に現地時間で午後一一時頃到着した。

空港には三隅町の国際協力事業実施のためのブータン王国訪問であったので、管轄の在インド日本大使館の西郷一等書記官が夜間の遅い時間にもかかわらず、わざわざ出迎えていただいており、翌日の同国入国について温かい助言と激励をいただいた。

その夜は、五年前の前回訪問時と同じセントラルホテルに泊まり、ツインルームで同室となった三賀森町長と深夜一時近かったが、ブータン入国の無事なることを祈ってビールで乾杯し、やっと寝ついた。

三隅町長一行パロ空港着

翌朝、十一月一日六時半に目が覚めた。既に朝風呂を済ませていた町長の依頼で三隅町役場に電話を申し込むと、やがて電話が通じた。日本と時差が三時間半だったので、朝一〇時半頃の役場にいた泉川総務課長に町長が、「四人とも無事進行中で今日いよいよブータンに入国する」と元気な声で伝えた。

一〇時にデリー空港に入り、思いの外スムーズに出国手続を終えてブータン国営ドゥルック・エアの小型ジェット機（定員七五人）に搭乗できた。前回の初訪問時の一八人乗りの小型プロペラ機とは大違いで、機内はゆったりとしていた。乗客は大半が欧米人であり、日本人は私達四人だけで、後はブータン人とインド人が一〇人ぐらいずつだった。ブータン王国はその頃、環境破壊につながる二次産業より観光産業に力を入れだしたと聞いていたが、まさに機内の乗客はほとんどが観光客のように見うけられた。

同機はネパールのカトマンズ空港を経由し、世界最高峰のエベレスト山など真っ白に輝くヒマラヤ連峰を左側に眺めながら、やがて午後四時頃ブータンのパロ空港に無事着陸した。

町長一行、無事入国

滑走路に降り立って周囲を見渡すと、パロ空港は五年前と様相を一変していた。河川沿いの滑走路は改修され倍近く延長されていて、小さな木造平屋の質素な空港事務所が大きくて豪華なブータン独特の伝統的な建造物に変わっていた。まさにブータン王国の玄関口らしくなっていた。

事務所の前には、パロ県の知事以下四人の政府関係者と、先発隊として入国していた久保田保一氏とノルブ・テンジン氏が出迎えてくださった。同知事の案内で、事務所の貴賓室に入ると歓迎の両国国旗が飾られており、同県知事から三賀森町長に改めて歓迎の挨拶があり、しばしの間ブータンの現状等について歓談した。

入国後の慌ただしい夕刻が迫っており、まもなく同知事に町長がお礼を述べて席を立った。今回の訪問団の接待役として、同国通産電力大臣の秘書官のツェリン・ヨンテン氏に案内していただくことになり、午後五時頃に車二台に分乗して空港を出発し、首都のティンプーに向かった。例によって急峻な渓谷を縫うようにうねうねと曲がりくねった山道を走り続け、やがて見覚えのある橋を渡って懐かしいティンプーの街に入っていった。午後六時十五分頃、宿泊予定のホテル「ジョモラリ」に入るとロビーは薄暗く、フロントのカウンター上にはローソクの火が灯されていた。節電なのか、五年前と同様に夕方、ホテル内のライトが灯るのはかなり暗くなってからであった。

　七時過ぎにチェックインが終わり、各自、部屋で一息ついていると、町長からロビー集合との連絡が入ってきた。ロビーのラウンジに

パロ県知事、三隅町長を出迎え（パロ空港）

は町長が待ち受けており、テーブルには紙パック入りの日本酒「沢の鶴」が各自の席に準備されていた。

　まもなく、私達後発隊四人と先発隊の久保田保一氏、川平正男氏の二人と現地の紙漉き工場の責任者になっていたノルブ・テンジン氏、案内のツェリン・ヨンテン氏の八人がそろって席に着くと、町長から「夕食までには、まだ一時間あるそうじゃけー、ここで、一つ乾杯をやろうじゃないか」との提案があった。

　そこで、今回の行事の日本とブータンの中心スタッフ八名が無事そろったことを祝って乾杯し、テンジン氏との再会を喜びながら皆で和やかに歓談が始まった。三賀森町長と田黒会長はテンジン氏やヨンテン氏から最近のブータン王国のよもやま話を聞きながら大いに盛りあがっていたが、久保田氏と川平氏はなぜか静かな様子であった。

紙漉き機材が着かない？

　夕食が終わって十時頃、町長の部屋に日本人スタッフ六人が集まり、事務打合せが始まった。それはチェックインの際に耳に入っていたことであったが、紙漉き機材の到着遅延

ブータン政府職員と打合せ（ホテル・ジョモラリ）

問題であった。

久保田氏達先発隊の説明によると、予定の十月二十五日になっても到着しなかったので、ブータン王国通産電力省の担当者に掛け合って発送荷物の所在確認をお願いしたところ、十月五日にカルカッタに到着していたそうだが、ブータンへの荷物の積み替え手続に不備があったため留め置かれていたとのことだった。同省では直ちに同国のカルカッタ事務所に手配し、三十日にカルカッタを発送されてブータンに向かっているが、その後もブータン国境越えに日数が掛かっているらしい。

遅延問題の概要を聞いた町長は、「それぞれ、お国の事情もあることだから、今、我々が騒動しても仕様が無い。明日、ブータン側と相談しよう。さあ、ビールがあるからもうちょっと飲もうじゃないか！」と皆を励ますように快活に言い、大臣から差し入れの飲物や果物で酒盛りが再開された。

十一月二日の朝、七時に朝食で食堂に集まると、町長から「もし、まだ機材の到着が遅れるようであれば、贈呈式はセレモニーだけで、機材の据え付け等引渡は久保田さん達二人に残ってやってもらおうと考えている」と発言があった。

これは大変なことになりそうだと一同、不安そうな顔で頷いていた。当初の予定では、朝食後、町長以下四人はティンプー郊外に視察に出かけるはずだったが、ブータン側スタッフの到着を待って協議することになった。

七時半頃、ツェリン・ヨンテン氏とノルブ・テンジン氏が到着し、町長が町側の考えを伝えると、彼らは早速、オム・プラドハン大臣に協議に行くと言って飛び出して行ってしまった。

そうこうするうちに、意外な人が訪れた。ブータンに駐在している日本青年海外協力隊の調整員の佐々木健一氏で、久保田、川平氏が到着以来、たびたび助言をいただいているとのことだった。当時、ブータンには日本の大使館はもとより領事館もなかったので、頼れるのは唯一、同協力隊事務所と西岡京治氏だけであり、既に西岡氏にも協力要請済であった。町長が、佐々木氏にこれまでの支援に対するお礼を述べて今後の見通しをたずねると、インド、ブータン間の難しい物流の現状を解説のうえ、「ブータン政府が直接動いているので、成り行きに任せるより仕様がないでしょう」との答があり、一同、運を天に任せることになった。

ホテルのラウンジで皆が思い思いに休憩していると、一〇時頃、テンジン氏達が笑顔で駆け込んで来て、叫んだ。

「荷物が来ます！　来ます！　今夜七時頃には、ティンプーに到着します」

「万歳！　良かったね！」と、誰かが、思わず叫んだ。

大臣の指示の下、同省担当者が、インドとの国境の町プンツォリンの事務所に急かしたところ、事態が急転したようだ。

町長がブータンのスタッフと海外協力隊の佐々木氏に丁寧にお礼を述べ、今後の予定を確認した。情報どおり夕方に機材が到着し、久保田、川平両氏が徹夜で据え付け作業を行えば、何とか、当初の予定どおり贈呈式が行えそうであった。

久保田氏が、笑顔で「私たち二人が頑張ってやりますから大丈夫です。町長さん達は予定どおり、視察に出かけてください」と、町長以下四人とブータンスタッフ四人を送り出していただいた。

古都プナカ視察

当初の予定より二時間遅れで一〇時頃の出発で慌ただしかったが、素晴らしい青空の下、ティンプーの東方にある古都プナカを目指して二台の車が走り出した。快適なドライブと言いたいところだが、そうは問屋が卸さない。直線距離にすれば約三〇㎞位だが、山あり谷ありで倍以上はある。そのうえ途中で、標高三一五〇mのドチュ・ラ（ラは、峠の意味）を越えなければならない。

しかし、町長は元気そのもの、四年前に体験ずみの私と田黒会長の心配もよそに、ドチュ・ラでは峠の茶屋の展望台からブータン最高峰のガンカ・プンスム山（七五七〇m）をはじめとするブータンヒマラヤ連峰の絶景「大パノラマ」に感嘆の声を上げながら眺めていた。

峠から下って行くと、途中の道路沿いに青葉が茂るシャクナゲの大樹林が続いていた。案内のヨンテン氏の「季節外れで花が見えないのが残念ですね」の言葉に、皆が「春の花盛りの頃は壮観だろうね」と思い描いていた。

午後一時半頃、通ってきた東西に走る幹線横断道を北に外れて一〇km進み、やっと目指すプナカに到着した。ここは現王朝の発祥の地で、谷間の盆地に流れるポ・チュ（父川）、モ・チュ（母川）の二つの川の合流点付近の平場にプナカ・ゾン（城郭）があった。首都ティンプーにあるタシチョ・ゾンよりは少し規模が小さいが、荘厳さは勝るとも劣らない豪華な伝統的な建造物であった。プナカは標高が一三五〇mで、ティンプーより一〇〇〇m以上低くて周囲には棚田や畑が広がり、冬も温暖なためバナナ等亜熱帯植物も茂っていた。

かつては王族の冬期の離宮にもなっていたようだが、現在は他のゾンと同じようにプナカ地方の政庁と僧院が入っているとのことだ

プナカゾン見学

った。僧院がなぜ同居しているの？と不思議に思われるだろうが、チベットのダライラマ時代のポタラ宮と同じように、ブータンでもワンンチュック王朝が確立されるまでは、政教一致の地方豪族がゾンに居住して各地方を統治していたためである。

私たちがゾンを見学中に、中庭で王様の姉妹が子ども連れで散策されているのにすれ違った。装いはきらびやかなブータンの伝統的なキラであったが、非公式な訪問らしく私たちを全く気にすることなく、のどかな雰囲気が漂っていた。

やがて午後二時半頃、やっと昼食をとることになった。プナカの街は小さくてホテルが近くになかったため、小高い丘の上でブータンのスタッフが準備してきた洋式のピクニック用品が広げられた。皿に手ぎわよく盛られたブータン式カレーライスを食べながら、眼下を見おろすとプナカの街や川が見え、ゾンは遠くにぽつんと浮かぶように見えていた。

食後、幹線横断道に戻り、さらに一〇㎞東に進み、ブータン中部に向かう交通の要衝の街ワンデュ・ポダンに立ち寄った。前回の第1回調査団として訪れた際には街外れのノブディン村にある紙漉き農家を訪問し、久保田、安部両氏が現状調査を行った地域であったが、残念ながら時間がなかったため周辺を垣間見るだけで帰途についた。

紙漉き機材がやっと到着！

午後六時前にティンプーのホテルに帰り、町長の部屋で久保田、川平両氏も加わって皆でお茶を飲んでいると、ヨンテン氏とテンジン氏が部屋に駆け込んできた。

「荷物がやっと、着きました！」

「万歳！」

町長がヨンテン氏、テンジン氏と肩を抱き合い、久保田、川平氏が続き、皆が手を取り合って「良かった。良かった」と歓声を上げた。

早速、町長と私がそれぞれの自宅に機材到着の電話を入れた。日本時間では夜、九時半を過ぎている頃だった。

既に夕食を終えて待ち受けていた久保田、川平両氏とテンジン氏は、気を引き締めて機材の据え付け作業のため紙漉き工場に直行した。後に残った四人は、ヨンテン氏の案内で技術者の皆さんの徹夜作業のご苦労を気遣いながら、王国行政委員会局長主催の歓迎夕食会にでかけることになった。

翌朝、三日の七時に朝食に集まると、技術者の皆さんが晴れやかな笑顔で町長に報告していた。

「お陰さまで今朝四時頃、釜の据え付けを無事終え、作業を完了して帰りました。何とか、今日午後の贈呈式に間に合いました」

町長は久保田、川平両氏の手を握りしめながら、感謝とねぎらいの言葉をかけていた。

朝食後、技術者の皆さんからこれまで数ヶ月にわたる紙漉き機材の準備と、ブータン入国後の約二週間の機材設営に係わる苦労話を感心しながら聞かせていただいた。国際協力事業というものは、ただ、資金提供すれば成就するというものでは決してない。目的とする技術移転が本当に達成されるまでには、様々な過程において沢山の人々の献身的な協力が不可欠であることを私たちは痛感させられた。

八時過ぎに、ロビーの方から田黒会長に面会客来訪の連絡が入ってきたので、会長と私がロビーに出て行った。フロントの方に近寄ると、二人の若いブータン人が笑顔で待ち受けていた。

「田黒さん、久しぶりです。お元気ですね」

思い出した。四年前にブータン人として初来県した二人の若き農業技術者で、ドルジ・ウオンチュック氏とタシ・ドブゲイ氏であった。ウオンチュック氏は国立キノコ研究所の所長で日本に留学経験があり、日本語も堪能であった。そこで再会を喜びあい、時間が少しあったので田黒会長と野田氏と五人で街に出て散策しながらお互いの近況を語りあった。

通産電力省へ大臣表敬訪問

いよいよ、午後の贈呈式を前にして、通産電力省のオム・プラドハン大臣を表敬訪問に出かけた。メンバーは町長以下後発隊の四名に久保田、川平両氏が加わり、六名がノルブ・テンジン氏の案内で同省に向かった。大臣室は広々としたタシチョ・ゾンの大きな建物の一角にあった。室内は広くて周囲の壁は漆喰の白壁で、柱や調度品は全て良質の木材で作

三隅町長、通産電力大臣を表敬訪問（タシチョ・ゾン）

られていて、窓枠にはブータンらしいデザインが施してあり、明るかった。

大臣が私たちの方に近寄り笑顔で迎えてくれた。町長は、今回の訪問と滞在に対するブータン政府の配慮へのお礼の挨拶に添えて「三隅町とブータン王国との間で、和紙の技術を通じて親善交流が深まっていることは三隅町にとって、大変誇らしいことであり嬉しく思っています。この度の紙漉き機材がブータンの紙産業の振興に貢献できることを期待しています」と申しあげた。

やがて、運ばれてきた茶菓を頂きながら、大臣から町長と田黒会長に今回の機材贈呈のお礼と併せて、四年前の紙漉き技術の三人の研修とノルブ・テンジン氏の心臓手術について丁寧にお礼が述べられた。

紙漉き機材の贈呈式

大臣表敬訪問を終えると贈呈式が行われる紙漉工場に直行した。紙漉き工場は、街から少し外れてティンプー川を越えた対岸の小高い丘の上にあった。橋は街外れに一本しかないので迂回しながら工場に近づくと、皆、驚いて目を見はった。

蒸し窯創設作業

蒸し窯と釜

工場の広場入口には、色彩豊かな布で飾られた鮮やかな大きな門があり、広場には周囲に色とりどりの幟旗が立ち並び、さらに紐に吊した小旗が二重に張り巡らされていた。広場の中に入ると、奥の方に裏山を背にして沢山の仏様の姿を織り込んだ鮮やかな横幕が張られていて、その前側の地面には一面に濃い緑色の松葉が隙間なく敷きつめられていた。

ブータンでは、松の木は神聖な木であり貴人を迎える時にこのように用いられるようだ。さらに進むとブータン織りのカーペットが敷かれていて、上手の方にテーブルとソファー状の長椅子が一列に置かれていた。広場の両側にも椅子席が長く列べられており、既に沢山の人々がブータンの伝統的な鮮やかな衣装のゴとキラを着飾って席に着いていた。

紙漉き機材贈呈式会場

やがて、ブータンのスタッフに促されて、町長とオム・プラドハン大臣が中央のテーブル席に着席し、その両脇に田黒会長以下五名の三隅町側関係者とＪＩＣＡの佐々木健一氏が着席した。そして、左端の方に一〇人位の僧侶が座っていた。

　式典が始まると、数人の僧侶が一斉に山国スイスで見かけられるホルンに似た金属製の長い楽器を「ブオー、ブオー」と鳴らし始め、他の僧侶は低い声で読経を始めた。仏教国ブータンでは、仏教が生活習慣はもとより、公式行事にも密着しているようだった。

　まもなく、司会のツェリン・ヨンテン氏の紹介により、オム・プラドハン大臣が正面横に設けられた演台の方に歩み出て、三賀森町長に対し歓迎の挨拶と紙漉き技術支援につい

紙漉き機材贈呈式

オム・プラドハン大臣、紙漉工場内を視察

てお礼が述べられた。次に三賀森町長が立ち、四年前に三隅町で始まったブータン王国の三人の紙漉き技術研修員と町民との交流から今日の紙漉き機材の贈呈に至る経過が語られ、同国の紙漉業の振興と今後の両国町間の友好親善が一層深まることへの大いなる期待を述べられた。続いて、町長から大臣に贈呈機材を認めた証書が手渡されて式典が終わった。

やがてツェリン・ヨンテン氏に案内されて、大臣と町長以下六名と来賓の政府関係者が周囲に幕が張られた工場の入口に集まり、町長が扉に結ばれていた幅広い布製のテープを解き、周囲の人々の拍手の中、後続の人々とともに工場の中に入っていった。

工場の中には、真新しい木製の漉き舟や紙を漉く竹製の簾などの紙漉き用具、樹皮を砕くビーター、そして、屋外の軒下部分に竈《かまど》が築かれており大きな釜が据えられていた。これらの機材の全てが三隅町により調達され、久保田、川平両氏が様々な難問や障害を乗り越えながら二週間を費やしてやっと、完成された素晴らしい施設であった。

来場者たちは久保田・川平両氏から機材の説明を興味深く聞いていたが、テンジン氏には今後の抱負を訊ねていた。

「私たちは四年前に日本最高の和紙技術を島根県で勉強させて頂きました。そして今度は三隅町の皆さんのお陰で、勉強した技術を活かすことができる紙漉き機材をブータンに贈っていただきました。これから、この恩を忘れないで日本の和紙に負けないような素晴らしい紙が作れるように頑張ります」とテンジン氏は、三賀森町長と田黒会長の方へ何度も頭を下げながら嬉しそうに答えていた。

祝賀晩餐会…キンニャモニャ踊りで喝采！

贈呈式のあった日の夜、ブータン政府主催の祝賀晩餐会が催された。ホテルの会場に入ると、オム・プラドハン大臣以下各省の大臣や副大臣等の政府要人と今回の行事の関係者ににこやかに迎えられ、ウェルカムドリンクをいただいた。

少し酔いがまわって、中へ進むと広間の中央に長方形の大きなテーブルがあり、晩餐の席が準備されていた。上手の方にはフロアより少し高くした舞台があり、笛、大正琴のような楽器のヤンチェン、三味線に似た楽器のダムニェンをそれぞれ手にした若い男女の楽人達が静かに着席していた。

やがて、皆が指定席に着くとプラドハン大臣からお礼の挨拶と乾杯の発声があり、晩餐会が始まった。和やかな雰囲気で、舞台では楽人の演奏に合わせてブータン民謡が披露された。歌は、歌詞を即興で男女が掛け合いで歌い続けていくのどかな歌唱法であった。

その時、突然飛び入りがあって誰かと思ったら、三賀森町長だった。まず挨拶があって、おもむろに日本の民謡が披露されることになった。なんと、隠岐民謡の「キンニャモニャ」が田黒会長の歌と三賀森町長の踊りにより披露されることになった。驚くなかれ、田黒会長はキンニャモニャ発祥の地海士町出身であり、三賀森町長は町長になる前の県職員時代に隠岐支庁長を務めて隠岐に馴染んでいて、この民謡と踊りをマスターしておられたのであった。

この踊りに必要な杓文字がなかったので、代用品としてコカコーラの空き缶二個が準備されていた。やおら、田黒会長の隠岐弁で唄が始まり、上衣をとった町長が両手に空き缶

政府主催祝賀晩餐会

隠岐民謡「キンニャモニャ」踊りを披露する三隅町長
（祝賀晩餐会）

ブータンの踊りの輪に参加

を一個ずつ持って笑顔で軽やかに踊りだした。やがて見守っていた会場の皆さんも二人のコミカルで軽妙な歌と踊りにあわせて手拍子をおくり雰囲気が盛りあがってきた。

暫くすると、再びブータンの楽人達の歌が始まり、踊りも始まった。踊りは日本の盆踊りのように、男女が円陣を組んで歌にあわせて踊りを繰り返しながらまわっていった。会場はさらに盛りあがってきて大臣や町長たちも踊りの輪に加わり、ついに会場の全員が輪に入って私たちも見よう見まねで踊り出した。

ブータン王国と三隅町との友好親善が大いに深まり、和やかな語り合いと歌や踊りで名残は尽きなかったが、夜一〇時過ぎにオム・プラドハン大臣に見送られて三時間余りの盛大な晩餐会場を後にした。

十一月四日、ティンプーの朝は、早朝にあった朝霧が消え、今日も雲一つない爽やかな秋空であった。一日の入国から昨夜まで慌ただしかった公式行事を無事終えて、食堂で朝食を食べる皆さんの様子はやっとくつろいでいた。

八時頃にヨンテン氏とテンジン氏が到着し、今日の予定を説明した。

「今日は、午前中ティンプー市内を見物し、パロで昼食を取ってボンデ・ファーム（西岡農場）等を見学します。これからタシチョ・ゾンに行きますが、今回は特別の許可を得ましたのでゾンの中の右側の宗教領域と国会議事堂もご案内いたします」

観光では勿論入れない区域で、四年前の公式訪問の際にも行政区域内で説明を聞いただけであったので、田黒会長と私は顔を見合わせて頷いていた。

やがて、帰国支度で増えた荷物を車に積み込んでジョモラリホテルを後にし、山手のゾンに向かった。ゾンの入口の広場に到着すると、例によってヨンテン、テンジン両氏は、長い白布のカムニを肩から掛けて私たちを先導しながら石段を登り、ゾンの中庭に入っていった。残念ながら広大な施設であるため、時間の都合で今回も国会議事堂以外は中庭から眺めながらの説明に終わってしまった。（ゾンの概要は前回訪問時の「ゾン見学」のページで既述のとおりである）

ボンデ・ファーム（西岡農場）訪問

昼頃にパロ市内に入り、前回初訪問時にも訪れた政府観光局直営のオラタンホテルに入った。このホテルは、ブータンでは珍しく手入れの行き届いた樹木と芝に覆われた広大な敷地内にあり、二階建ての本館と私たちが最後の夜を過ごすコテージが点在していた。

本館での昼食後、直ちにパロ市内見物と念願の西岡農場視察に出かけた。前回の訪問時には時間がなく、帰途でパロ空港に向かう道すがら、農場を遠望しながら西岡京治さんから少しお話を伺っただけであったので今回の訪問は嬉しかった。

農場の入口に着くと、西岡さんが笑顔で私たちを迎えてくださった。

西岡農場は、正式にはボンデ・ファームと呼ばれていた。ボンデは地名だが、「上質の米」という意味もあるそうで、ブータン稲作の改良に情熱を燃やす西岡さんの意気込みがうかがわれた。

パロ盆地は山国ブータンで最大級の広さがあり、農業が最も盛んな地域であった。しかし、標高が二三〇〇ｍで稲作の限界点にあり、

ボンデ・ファーム（西岡農場）視察

日照時間が短くて水温が低いところでも生育する赤米が作られていた。この赤米は白米に比べて収穫量が少なかったので、ブータン国内の需要増加に対応するため白米に転換し、自給自足体制の維持に役立てたいとの思いがボンデ・ファームにこもっているとのことであった。

さっそく、広い農場を案内していただいた。農場は面積が約一三万㎡で、なだらかな傾斜の丘陵地に広がっていて、その平場には結構大きな建物が建ち並び、周囲に野菜用のビニールハウスが点在していた。建物群は機械の修理と鍬や鎌など農具を作る農機具工場とジュース、バターの加工場や倉庫群であった。職員や日雇い労働者は約八〇人もいてすべてブータン人とのことだった。

広い農場を見渡すと、辺り一面果樹園と野菜畑が目に入った。稲作以上に力が入っているように思えたので、西岡さんにたずねてみた。

「実は、稲作についてはブータン方式の赤米栽培が定着していて、日本式の白米栽培が簡単に受け入れられないことが分かってきましたので、持久戦に持ち込んでいます。

日本の品種をブータンの山田にそのまま持ち込んでもだめですので、ここの農場で日本式栽培の試験を繰り返しながら少しずつ広めるように取り組んでいます。

他方、野菜、果樹はブータンでは大変遅れていて品種が少なく貧弱でしたので、日本のやり方が農民に受け入れられることが分かり、先にこちらの方に力を入れてきました。
その結果、野菜は、大根、キャベツ、カリフラワー、人参、玉ねぎ、ジャガイモなど三〇種越える野菜を栽培できるようになり、今ではその種をブータン全土に配布しています。
また、果樹では、リンゴが定着し収穫量が多くなってきたので、ジュースに加工して町へ出荷しています」

西岡さんは笑みを浮かべながら穏やかに話されていたが、目が輝いていた。さらに今後の取り組みについて再びうかがった。

「ブータンは国民の九〇%以上が農民です。基幹産業の農業改良を進めなければこの国の発展はありません。
おかげさまでこの農場ではブータンのスタッフが育ってきて軌道に乗ってきました。実は、ブータン政府もこの農場の実績を評価してくれて、既に南ブータンのシェムガン地方の農業改良プロジェクトを任されています。その地方は焼き畑農業に頼っていて生活が厳しいうえに、木材を無駄にし環境破壊につながるので、政府も頭を痛めていたのです。私は現在、シェムガンの方に主力を置いています」

なるほどと思った。西岡さんが孤立無援の中で様々な試練を乗り越えて築かれたボンデ・ファーム、そのめざましい成果を礎にして、次の大きなプロジェクトに取り組まれている

西岡氏主催夕食会（オラタンホテル）

姿に感嘆し、私たちはビニールハウスの中に青々と生育している野菜をじっと眺めていた。

その晩、西岡京治氏主催の夕食会がオラタンホテルで開催された。こちらがお世話になりながら、歓待されて恐縮の至りであった。

会場には私達六人と、ずっと付き添ってくれた政府のツェリン・ヨンテン氏、ＪＩＣＡの佐々木健一氏さんとたまたま同宿中の日本航空のスチュワーデス四人が加わり、大変和やかな夕食会だった。

ヨンテン氏以外は日本人であり、私たちにとってブータン最後の夜でもあったので、三賀森町長、田黒会長はもとより私達全員が大きなミッションを終えた満足感もあり、話が弾んで大いに盛りあがっていった。また、皆さん、不思議なブータンを解明しようと西岡さんを質問攻めにしながらブータンの裏話などを楽しんだり、話題は尽きなかった。

ふと、ヨンテン氏の横顔を眺めたら、何か違和感を感じてきた。詰まるところ、私達一見の客に共通の思いとして「ブータンは今のまま変わって欲しくない。素晴らしい伝統文化と豊かな自然環境を守って欲しい。近隣の国々のように俗化しないで欲しい」との声が多く聞こえていた。しかし、私達の思いには、古き日本の良き時代へのノルスタジーをブータンに感じている面もあり、ブータンの人々がどう考え、何を目指しているかにもう少し配慮しなければならないと思われてきた。

現に、ブータンでは厳しい山国で資源が乏しく、農業以外にこれと行った産業がないため観光産業の振興を図っている。他方、観光客が押しかけようと思っても物理的にアクセスが悪いうえ入国条件が厳しく、入国税や観光税などがっちり取られるので、急増することは考えられない。また、国民は仏教と伝統文化をを重んじ、ブータンヒマラヤの大自然を畏怖し守る姿勢を堅持しているので、当面あまり心配することはないようにも思えた。

私たちの色々な思いが錯綜する中で、西岡さんが一人、ブータンの将来を見据えて農業の振興こそ国の安寧と国民の幸福をもたらすものと、揺るぎない信念を持って穏やかに語られた話に名残を惜しみながら、和やかで意義深い夕食会が終わった。

帰国の途に就く

五日、朝六時に起床。喉が痛く風邪気味だったが、出発が早いので急いで荷物をコテージから本館ロビーに運び、皆で軽い朝食を取った。

ヨンテン氏、テンジン氏ともう一人政府スタッフが三台の車で待ち受けており、七時過ぎにパロ空港に向かった。空港ではＶＩＰゲートから車で入り、ＶＩＰ応接室で出国手続はスムーズに終わった。

三賀森町長がヨンテン氏たちに滞在中の手厚い配慮にお礼を述べ、さらにヨンテン氏に「ビーターのモーターの調子が良くないようだが、取り替える必要があれば知らせてくれ」

ドゥルック・エアの搭乗機の操縦室内

と告げ、最後まで気遣いを忘れずにヨンテン氏の手を握っていた。

八時四五分に三賀森町長以下六人はヨンテン氏、テンジン氏達と別れを惜しみながらニューデリーに向かう飛行機に搭乗した。

同機は、往路と同じようにネパールのカトマンズ経由でニューデリーに入るコースだった。天気は快晴で、ヒマラヤ連峰の南側に沿って西方のカトマンズに向かう飛行は一時間ほどだったが、そそり立つ山々を眺めながらお世話になったブータンの人々や出来事を思い浮かべていた。その間に思いがけないハプニングがおこっていた。私達の席はあいにく、前方に向かって左側にあり、通路を挟んで右側のヒマラヤ連峰の一つ一つの山を見極めることができなかった。しかし、操縦室に近い前方の席にいた野田氏と川平氏は、運良く乗員に促されて操縦室に入り、ヒマラヤ連峰の最高峰エベレスト山を正面から眺める機会に恵まれたのだ。両氏はドゥルック・エアならではの特別サービスに感激しながら絶景を満喫していた。他の四人はインドに入ってからその報告を聞き、羨ましがっていた。

やがて一二時過ぎにデリー空港に到着した。ここには「日本大使館への報告」という最後の公式行事が残っていた。昼食は機内で済ませていたので、ホテルに荷物を置くと大使館に直行した。大使館では、ブータン入国前に立ち寄った際にデリー空港で出迎えていただいた、西郷一等書記官以下四名の館員の皆さんが待ち受けていた。

三賀森町長が今回のブータン王国への和紙技術協力の実施状況について報告し、併せてこれまでの外務省とＪＩＣＡからの協力にお礼を述べた。

　これに対し、西郷氏が同町長のブータン初訪問と国際協力事業へのねぎらいの挨拶があり、しばらく歓談した。

「町長さん、この度の支援活動は大変だったでしょう。発展途上国への支援活動はお金を送りっぱなしでは何の効果もありません。皆さんが取り組まれているように人材を育成し、機材を贈って技術移転を行う手法は必ずブータンに根

ヒマラヤ連峰とエベレスト山（搭乗機内撮影）

付き、皆さんのご苦労が実りますよ。ご承知のように、ブータン王国は厳しい自然環境のなかにありますが、国民は誠実で大変親日的であるため、日本政府は財政面だけでなく、青年海外協力隊員などにより技術協力と人材育成に力を入れています。今後も三隅町の貢献事業にも協力していきますから頑張ってください」

三賀森町長、久保田氏、川平氏、野田氏、田黒会長はそれぞれの立場で今回のブータン訪問のミッションを終えた満足感に浸りながら大使館を後にした。

一行はその後、ニューデリー周辺を少し見物した後、帰途に就き十一月八日に無事帰国した。

インドのタージマハールを背景に

ダショー西岡さんの訃報

大変なことが起きた。平成四年（一九九二）四月下旬に大阪から、ブータン在住の西岡京治さんが亡くなられたらしいとの情報が伝わってきた。同氏の留守宅が西宮だったので、新聞の地方版に載っていたらしい。私たちは二度のブータン訪問の際に大変お世話になった方なので、詳細を知りたくて日本ブータン友好協会員で旧知の西村光弘氏に連絡を取った。同氏も詳しくは分からず、神戸のブータン友好協会の方に尋ねてやっと概要が分かってきた。

西岡さんは出張先の農場で激しい歯痛に襲われて、首都ティンプーの病院に駆け込まれたが、急性腎不全を発症し翌日の三月二十一日に五十九歳の若さで亡くなられたとのことであった。ブータン農業の偉大な指導者として、ブータン王国の全ての国民から慕われていた西岡さんのあまりにも突然の死去に人々は嘆き悲しみ、途方に暮れてしまった。

突然の悲報を受けて、西宮市から里子夫人が悲しみの中、葬儀が行われるブータンに空路、駆けつけられた。ブータン政府はワンチュク国王の命により、三月二十六日に、西岡さんが二十八年間と命まで捧げたブータン農業の功績に対し盛大な国葬で報いた。

それから暫くして、日本においても五月十六日に「西岡京治さんを偲ぶ会」が西岡さんの母校の大阪府立大学で行われるとの情報が入り、島根県ブータン友好協会を代表して私が出席することになった。

当日、会場になった同大学の学術交流会館には、ご家族の希望で西岡さんに縁のある農学部関係者や山岳会員を中心に、国際協力事業団や各地のブータン友好協会員など本当に親しかった人々ばかりが集っていた。

偲ぶ会では、西岡さんのブータンでの農業指導を日本から財政面で支援していた国際協力事業団の代表が、代表挨拶の中で同氏の偉大な功績をたたえながら、掛け替えのない指導者の喪失を心底悔やまれていた。

やがて、里子夫人が参列されたブータンのパロでの盛大な葬式の様子がビデオで上映された。パロ谷の山の斜面を切り開いて設けられた斎場に向かう沿道は、カタと呼ばれる儀礼の白布を手にした大勢の人々で溢れ、その白布を棺にささげるブータンならではの厳かな葬送が延々と続いた。やがて王女や政府閣僚をはじめ、五〇〇〇人近い人々の参列のもと、約四〇人ものチベット仏教の高僧たちの読経のなか、ダショー西岡さんの棺は荼毘に付された。その遺灰は七つの黄色の袋に納められ、西岡さんの農場から見えるパロ川に流された。

　里子夫人は、ブータンでの葬儀が余りにも素晴らしい追悼であったので、日本では儀式を行わないつもりだったが、知人の勧めもあり、「偲ぶ会」が催されたとのことだった。

　この後、献花の儀式が行われた後、ご遺族の里子夫人とご家族も一緒にお茶をいただいた。ここで初めて里子夫人にご挨拶をさせていただき、島根県からのブータン王国訪問団が二度にわたり西岡さんに大変お世話になった数々の思い出話をさせていただき、在りし日の西岡さんをご家族とともに偲ぶことができた。

ブータン王国との交流さらに進展

三隅町、ブータン王国と友好交流協定を締結

平成二年（一九九〇）十一月に、三隅町がブータン王国に和紙製造機材を贈呈し、和紙製造技術支援の積極的な取り組みが始まったその二年後から、外務省、ＪＩＣＡの支援のもと三隅町独自の技術研修員の受入事業と技術者派遣事業が始まった。平成四年（一九九二）に同国から和紙技術研修に三人が、翌年に木工技術研修に一人が来町して、町内の和紙及び木工の事業所に温かく迎えられ、周辺の住民とも交流を深めながら技術を習得することができた。

一方、三隅町からも同時期に二度にわたり和紙技術者が同国に派遣され、現状調査と技術指導が行われた。また、その間に同町議会議長一行が行政視察と友好推進のため同国を訪れ、同町と同国との間では技術交流のみならず町民と技術研修員の間でも交流が深まっ

て友好親善の気運が急速に高まっていった。

やがて、平成六年（一九九四）四月に、三隅町の招きにより同国の通産電力大臣オム・プラドハン氏が来町し、同町関係者、和紙技術関係者はもとより多くの町民と友好親善を深め、ついに三賀森町長と同大臣の署名により三隅町とブータン王国との間で町民念願の「友好交流に関する協定」が結ばれた。

このように、地方県の小さな町で優れた伝統工芸の技術を介して国際協力事業が取り組まれ、その相手国と画期的な友好交流協定が結ばれるに至った実績は当時、日本国内でも珍しく、外務省や自治省（現総務省）からも高く評価されていた。

この年の九月には友好交流協定締結後、初事業としてオム・プラドハン大臣からの招請により、三賀森町長を団長とする親善訪問団一行六名（県ブータン友好協会から田黒輝夫会長、野田修司会員参加）が同国を訪問し、友好親善を深めた。

三隅町と地元業界、ブータン王国支援をさらに強化

三隅町では友好交流協定締結後、外務省・県及びＪＩＣＡの支援と地元業界の協力によ

りブータンの手漉き紙と木工技術への支援活動が一層積極的に取り組まれた。それに連動して友好親善活動も一層活発になっていった。

その結果、平成二年（一九九〇）から同十七年（二〇〇五）（浜田市との合併）までに、ブータン王国から研修員の受け入れが一二人（内、木工二人）となり、行政視察等訪問者が六回で一三人が来町している。また、三隅町からは技術者の派遣が七回（内、二回は行政視察団に併せて参加）で一一人となり、行政視察等が四回で一六人がブータンを訪問されている。

その間で特筆すべきことは、平成七年（一九九五）に、清谷祐二町長の尽力により三隅町から二度目の和紙製造機材が贈呈され、新たに「マンガラ紙工場」が建設されたことと、石州半紙技術者会の皆さんがＪＩＣＡの支援事業によりブータン王国に赴き、帰国後の研修員の技術面等のフォローはもとより、手漉き紙業界全体の振興のため様々な支援活動に精力的に取り組まれたことである。

その手漉き紙技術支援活動の内容としては、ブータン全土の紙の産地を訪ねて現地調査を行い、紙漉き業の現状把握（紙工場の運営実態、原料処理等・製造工程、販路等について）を行うと共に、技術指導（紙漉き技術、道具作成技術、紙製品加工技術）を行い、原材料の確保、組合組織化と市場開拓を含めた総合振興計画の策定をブータン政府に働きか

タシ・ヤンツェでの手すき技術指導
（久保田彰氏）

けが行われていた。この作業は大変な労力と時間を要するもので一回の滞在期間が二〜三ヶ月に及ぶこともあり、技術者の皆さんの並々ならぬ尽力には唯々、敬服の至りであった。

県東部でのブータン王国技術協力及び親善交流の動向

その頃、島根県内にもグローバリズム、国際化の波が届いており、平成三年（一九九一）頃から、県の海外技術研修員事業の予算枠が徐々に拡大されてきた。この好機に県ブータン友好協会でも同事業を活用し、ブータン王国から和紙技術、観光業務やコンピューター等で平成十二年（二〇〇〇）から三年間で三名の研修員を松江市、八雲村、広瀬町に招いていた。一方、外務省、ＪＩＣＡの青年海外協力隊事業等でも島根県内からブータンに松茸栽培技術、コンピューター技術で二名が派遣され、技術協力が行われていた。

平成八年（一九九六）五月には、その年の秋に県東部で開催予定であった「技能五輪全国大会」の特別参加者招請のため、県商工労働部の職員一行三名が同国を訪れた。同年十一月の同大会には紙漉き技術関係者四名（政府職員ソナム・ヤングレイ氏、ティンレイ・ウオンチュック氏、紙漉き技術者ノルブ・テンジン氏、ケサン・ユードン氏）が招待されて、同大会の松江会場でエキシビションとしてブータン手漉き紙技術を披露した。二人の技術者は既に技術研修員として来県し和紙技術を習得しており、「里帰り近況報告」の機会にもなっていた。

平成十年（一九九八）五月には、八束町で開催された「牡丹国際シンポジュウム」に同国通産電力省の職員ティンレイ・ウォンチュック氏が参加し、ブータンに自生する黄色い花の咲く牡丹について発表し、花卉園芸関係者や県内外の多くの参加者と交流を深めていた。

平成十四年（二〇〇二）には、しまね国際センター職員二名が、島根県で研修生活を過ごした同国の海外技術研修員のフォローアップ事業で訪問し、追跡調査と友好親

ノルブ・テンジン氏、澄田県知事に来県挨拶
（平成8年技能五輪全国大会）

善を図っていた。

一方、親善交流の面では、平成四年（一九九二）秋にノルブ・テンジン氏夫妻が来県し、松江赤十字病院で心臓手術五年後の検診を受けるとともに県内の関係者に再会し、近況を報告しながら旧交を温めることができた。

また、平成八年（一九九六）三月には、県ブータン友好協会会員四名（柳樂正雄事務局長、柳樂紀美子会員、本田英穂会員、本田美智子会員）が同国を親善訪問し、通産電力省のオム・プラドハン大臣を表敬訪問し、ジュンシ製紙工場火災見舞金を贈呈した。さらに平成十一年（一九九九）十月には、同協会員四名（柳樂正雄事務局長、野田修司会員、本田英穂会員、本田美智子会員）が親善訪問し、テインレイ・ウォンチュック氏とノルブ・テンジン氏の案内で山国ブータン王国を車で横断した。念願の挑戦であったが、片道五〇〇km以上、高低差三〇〇〇mの蛇行する山道は想像以上に険しく、四日がかりの行程をハラハラ、ドキドキしながら何とか走破出来た。ブータン最東部の町タシガンやタシ・ヤンツェまで足を伸ばしたが、快く案内してくれたご両人と旧交を温めながら秘境の旅を心ゆくまで堪能した。

平成十年（一九九八）には、ブータンへの関心が県内で高まってきている気配を感じた県ブータン友好協会の発案により、山陰中央新報トラベル社主催の島根県ブータン友好親善

（第3種郵便物認可）　山陰中央新報　199

かてい

ブータンを訪ねて

島根県ブータン友好協会事務局長　柳楽　正雄

生活

手すき和紙を機縁にして島根県と交流を続けるブータン。三隅町の支援で完成した工場でも紙生産が行われていたが、その工場は昨年一月不幸にも火災に遭い、大打撃を受けた。このため、島根県ブータン友好協会（田黒輝夫会長）は復興のために、ブータン写真展などを通して寄付金を募り、その浄財を届けるため、このほど同国を訪れた。同国の紙すきの現状や交流について紹介する。

ブータンと島根県の交流は十年前にさかのぼる。県は同国政府の要請を受け、同国に手すき紙の技術交流調査団を派遣。その結果をもとに、島根県はブータンから技術研修生受け入れに取り組み、三隅町は技術指導、生産機材の寄贈などの援助を行っている。

その研修生の一人が、火災に遭った工場を経営するノブル・テンジンさん(38)である。テンジンさんは昭和六十一年八月から九カ月間滞在。この間、心臓を患ったが、多くの県民の善意で手術を受け、健康を回復して帰国。平成二年に開所した紙工場の経営に当たっていた。資金調達や販路開拓に苦労しながら、やっと軌道に乗り始めた昨年一月二十二日に火災に見舞われたのである。

仮設作業場で紙すき
工場焼失から1年余　生産量まだ70％どまり

バンコクから乗り継いだ飛行機で同国唯一の空港であるパロ空港に到着すると、テンジンさんが出迎えてくれた。私は同氏の元気な姿を確かめ、久しぶりの再会を喜び合った。私たちは早速、郊外にある紙工場へ向かった。工場を訪れるのは開所式以来六年ぶりだ。

見覚えのある坂道を登ると、工場があったはずの高台には、焼け跡がむなしく広がり、隅の方に仮設の作業場が細々と並んでいた。盛大な開所式が思い出され、胸が痛んだ。

作業場では以前より多い十九人のスタッフが、それぞれの工程で黙々と作業に取り組んでいた。火災後、破損した機械は修理し、不足する物品を補充して、昨年四月ごろから本格的に生産を再開したが、まだ火災前の七〇％の生産量にしか回復していない、とのことだった。

滞在中、テンジンさんとともに、通商産業省にオム・プラドハン大臣を訪問した。大臣は平成六年四月に三隅町を親善訪問されており、島根県内での思い出話など懐かしんでおられた。その席で火災見舞金六千㌦を私からテンジンさんに手渡した。大臣は募金に協力した県民への謝意と、これまでの技術援助に対する謝意が述べられた。このことについては、当協会としてもこの紙面をお借りし、ご協力をいただいた方々に厚くお礼を申し上げたい。

さて、ブータンは紙をはじめ織物、木工品など工芸品関連産業の振興に力を入れている。紙については、原料となるミツマタに似た樹木（現地で「ダフネ」と呼ばれる木）が豊富にあること、ブータンには伝統の手すき技術があることーなどから、島根県の和紙技術を活用していけば、工芸品としての紙の需要が広がり、商品も豊かになると思われた。

今年十一月には技能五輪全国大会が、西日本では初めて島根県で開かれることになっており、ブータンからも紙の技術者が招待される。これは三隅町、八雲村の紙すき業界の十年にわたる献身的な技術支援の成果で、喜ばしい限りである。これを契機に、ブータンと島根県の交流が一層深まることを祈っている。

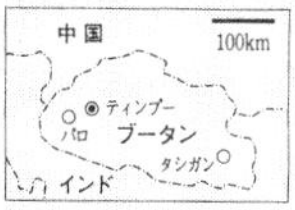

㊤焼けた工場の隅に建てられた仮設の紙すき工場㊦原料となる木の皮から外皮やごみなどを取り除く作業員

メモ

ブータン　東部ヒマラヤ山脈のインドとチベットに挟まれた王国。面積は四万七千平方㌔（九州の約一・一倍）で、人口は百四十万人。宗教はラマ教。産業は農牧畜業が主だが、電力、木材、セメントを輸出している。

島根県ブータン友好協会　昭和六十一年四月、技術援助の島根県調査団長として訪問した田黒輝夫会長（当時県商工労働部長）の呼び掛けで設立。紙すきや木工の技術研修生の受け入れを支援するなどの活動をしている。会員は三十六人。

「ジュンシ製紙工場火災見舞」　山陰中央新報（1996.4.29）

訪問団（団長、荒木克之社長）が同国を親善訪問した。同国では、これまでの技術支援活動に対する高い評価があり、オム・プラドハン通産電力大臣から格別の配慮をいただいた。県内各地から集まった総勢一六名の訪問団は温かい歓迎を受け、通常のツアーでは得られない寺院内部の特別参拝や農家訪問があるなど、神秘の国を満喫するとともにブータンの人々と友好親善を深めることができた。

　このようにして、島根県とブータン王国の間の技術協力及び友好交流は、国、県、ＪＩＣＡの公的支援と島根県民の皆さんの温かい理解と支援に支えられ、順調に拡大し、様々な成果を上げ、両国・県の絆を育んでいった。

ブータン政府職員と手漉紙技術者、柳樂宅にてホームステイ（4名）

幸せの国ブータンとは？

ブータン王国の民主化

ところで、「ブータンの人々は、どんな暮らしをしてるのかな？」と疑問を持たれる方が多いかと思われる。振り返ると、ここまで書き綴ってきたことはほとんどがブータンとの交流での出来事であり、ブータン王国の内情や人々の暮らしについては断片的にしか紹介していなかった。遅ればせながら少しだけ紹介させていただきたい。

ブータン王国の概況については、後記の「ブータン王国ミニ情報」を参考にしていただきたいが、現在、同国の政体は立憲君主制が敷かれており、若い第五代の現国王のもとで敬虔な仏教徒の国民は、大半が農牧畜に勤しみながら平穏に暮らしている。しかしながら、専制君主制が敷かれていた第三代国王の時代までは政情が不安定で、一九六四年には急進的な近代化政策を取っていたドルジ首相が保守勢力に暗殺される事件や国王暗殺未遂事件があり、さらに一九七二年には同国王の急病死により十六歳の若き王子が第四代国王に就くという険しい時代が続いていた。幸いにも賢明な若き第四代のジグミ・シンゲ・ワンチュク国王は、前国王が取り組んだ近代化政策を踏襲しながらも「自然環境と伝統文化を守り、急ぎすぎない開発」を目指す路線を歩みだし、国家の安定と国民の幸福増進を図るために国政の民主化に取り組み、力を発揮していった。

「GNH（国民総幸福）の提唱」

そして、早くも一九七六年には当時二十一歳の同国王が、コロンボでの第五回非同盟諸国会議に出席後の記者会見席上で「Gross National Happness is more important than Gross National Product」（国民総幸福は国民総生産よりも大切である）と語って注目されだした。

この発言は、世界で競われているGNP（国民総生産）という概念だけで国の力を測るのではなく、GNH（国民総幸福）という国民の幸福感を大切にしたいという思いで提唱されたものであり、その後、この「GNH（国民総幸福）」という言葉が同国の政策の最も重要な指針となったのである。

さらに、そのGNH（国民総幸福）の理念への肉付けとして次のような目標と指標が示されて同国のすべての政策がこれに基づいて着々と打ち立てられ推進されていった。
また、同国では国民総幸福政策を推進するに当たって、九つの指標にさらに七十二の項目を設けてそれぞれの進み具合を数値化して測定し、国民総幸福度の確認に努めている。
（注・七十二の項目は割愛）

【GNH（国民総幸福）の四つの柱（目標）と九つの指標】

一・四つの柱（目標）

(一)　持続可能で公平な社会経済開発

この柱を形成するのは「生活水準」「健康」「教育」で、国民がいつ、どこで暮らしていても幸せを感じられる持続可能な社会、経済を目指す。

(二)　環境保護

この柱を築いているのは「生態系の健全性」で、ブータン固有の神秘な自然や、厳しくもヒマラヤの麓に脈々と育まれてきた山岳環境を健全且つ、しなやかに保護していく。

(三)　文化の推進

この柱を構成しているのは「文化」「精神的な幸福」「地域社会の活力」で、仏教的価値観に基づく伝統文化が日常生活の基本になっており、この伝統文化を守りながら文化の振興を推進する。

㈣ 良き統治

この柱は優れたガバナンス（民主主義、平等、正義）で、優れた国王の下で国及び地方で近代性と伝統を均衡させながら優れた統治を行い、国民の幸福度の増加を目指す。

二．九つの指標

㈠ 心理的幸福

国民が適切な政策、サービスを受けて暮らしに満足し、精神的に健康で幸福を感じることができる。

㈡ 国民の健康

国民の健康意識と健康状態を把握し、問題・課題を明確にして対策を立てる。

㈢ 教育

国民の就学、スキル、教育面での多角的なサポートの現状を把握し、国民が平等に教育を受けることができるように努める。

㈣　文化の多様性

ブータンの地域社会には、伝統的礼儀や技能、知識様式の実践・維持により多様な文化的伝統が継承されており、この文化的多様性を重んじる。

㈤　地域の活力

ブータンでは大家族が最強で持続可能性のある経済的・社会的、精神的セーフティーネットと考えられており、地域社会でも人間関係が良好でお互いの信頼度が高い地域は安心、安全で活力があり、社会関係資本を強化できる。

㈥　環境の多様性と活力

国土の資源の状況、環境管理や対応策の現状を把握し、山林の保護等の資源供給と木材・エネルギー利用等の資源消費の調和を図り、天然資源を持続可能な循環システムにより使用するように努める。

㈦　時間の使い方とバランス

個人の生活において時間を仕事ばかりでなく、社会貢献や余暇・レジャーなどにバランス良く使い、心豊かに過ごす。

㈧　生活水準・所得

国民の所得、資産、生活状況を把握し、一定水準に保つように努める。

(九) 良き統治

国民が政治的な意思決定のプロセスに参加し、自分の意見や考えを国政に反映させる。

国王の譲位と立憲君主制への移行

やがて、同国王は全国行脚を始め、国民に寄り添い対話しながら、自ら提唱したＧＮＨの理念に基づいた政策の実現に精力的に取り組み、国民の理解を深めていった。そして、ついに二〇〇四年、十二月十七日の建国記念日に「二〇〇八年に新憲法発布、新政府発足の暁には皇太子に王位を譲位する」と何の予告もなく表明してしまった。同国王は早くから専制君主制を廃止し、立憲君主制のもとで国政の民主化を推進することを目論んでいたので、時機到来と判断しての決意表明であった。

しかし、国王の指導力に依存し国王を慕っていた国民は、まだ四十九歳の国王のあまりにも早い譲位表明に驚き戸惑い、国王親政の継続を願いながら全国各地で譲位表明撤回の陳情を展開したそうである。ところが、国王は予定を早めて二〇〇六年、十二月十四日に譲位を行ってしまい、二十六歳の第五代ジグミ・ケサル・ナムゲル・ワンチュク新国王が即位されたのである。そして二〇〇八年に国民による普通選挙が実施されて、初の国民議会が開催され、初めて成文憲法が制定されることになった。

このようにして、ブータン王国の国政は民主化が急速に進み、ＧＮＨ（国民総幸福）の理念に基づく政策が推進されて国家は益々安定し、世界中から注目されるようになっていった。（この変遷の状況は、王族が専制君主制に固執し、各種政治勢力との悲惨な争乱を繰り返し、国政の混迷が長らく続く隣国ネパールと対照的である）

そして二〇〇五年頃から、ブータンは世界一幸せな国だとの評判がマスメディアで話題になり始め、日本でもＧＮＨについての研究やシンポジウムが盛んに行われるようになって、本や雑誌にも紹介されるようになってきたことはご承知かと思う。

さて、もし皆様が、「あなたは幸せですか」と聞かれた時、どう答えるであろうか。ブータンでは、国民の九七％が「私は幸せです」と答えたとの調査結果が報道されている。他方、日本では半数位しか「幸せです」と答えていないようだ。ちなみに、近年の国連の幸福度調査によると、北欧の国々が上位を占めており、米国が一八位、日本は六十数位にあり、不思議にもブータンは調査対象国に入っていない。この調査は、ＧＤＰ（国内総生産）、社会的支援の充実度、健康寿命等々での幸福度を測り、総合的に「幸せかどうか」を評価している。尺度が違うので、この二つの調査結果だけでは日本とブータンの幸福度を比較するのは困難であるが、ある人の調査によると、ブータンの子ども達に自由に絵を描いてもらうと、「ほとんどの絵が、家族が描かれており、家族みんなが一緒に働いているのどかな風景が多い」のに驚いたそうだ。

私見ではあるが、「ブータンの人々は、山岳の秘めやかな自然環境のもとで信仰（仏教）に支えられながら、国王の政策を信奉し平穏で心豊かな生活を送っており、人生評価において主観的満足度が極めて高い」ことが、九七％の「私は幸せです」の答えにつながっていると考えられる。ひるがえって、私達日本人の場合はどうであろうか。物質的にははるかに恵まれていても、絶えず不満を抱きながら悩んでいる人が大変多いように思えるが、皆様はいかがであろうか。

社会情勢の変化と国際交流の推移

国際交流事業の縮小傾向

さて、再び国内のブータン王国との交流活動の考察にもどると、本県で同国との交流活動が活発に行われている頃、日本経済は大きな転換期を迎えていた。平成四年（一九九二）頃には、いわゆる「バブル崩壊」が起こり、国において様々な経済対策が打ち出されたが、日本経済は一進一退を続け、国家財政は一段と厳しくなり、やがて更なる取り組みとして、国及び地方公共団体では大規模な行財政改革が始まった。そうした中で県及び市町村の行財政の見直しが行われ、さらに平成十七年（二〇〇五）に「平成の大合併」が始まって県内市町村の大合併が行われると住民の生活環境や地域の社会活動に様々な影響が出だしてきた。

このような背景のもと、県の海外技術研修員受入事業も平成十六年（二〇〇四）頃から縮小されて、ブータン王国からの研修員は平成十七年（二〇〇五）を最後に途絶えてしまい、また、三隅町は浜田市に合併し、同町のブータンとの交流事業は休眠状態になってしまった。

一方、県ブータン友好協会では、平成十七年（二〇〇五）以降もささやかながらも親善交流を続けていた。

平成十九年（二〇〇七）には、同協会員二人（柳樂正雄会員、柳樂紀美子会員）が同国を親善訪問し、

ブータン西部のティンプー、パロ、ハを回り、特に海外技術研修員として島根にいた旧知の技術者の皆さんを訪ねてその後の活動ぶりを見聞させてもらった。その中で際立っていたのは、松江で心臓手術を受けたノルブ・テンジン氏が元気で、ジュンシ製紙工場を経営しながら、さらに外国人観光客を扱う旅行業にも手を広げていることであった。同氏によると三人の息子達が成長し、家業に参加してくれて一安心しているとのことだった。

平成二十一年（二〇〇九）には、ノルブ・テンジン氏の次男のツエワン・リンジン氏が来県し、短期間（二ヶ月）の日本語研修と旅行代理店での研修を受けた。これは二年前に柳樂が訪問した際に、テンジン氏から長期研修の希望について相談を受けていた案件だったが、実現しなかったので、次善の策として同協会が引き受けて県の国際交流センターの

協力により日本語研修を受けた後、柳樂宅にホームステイしながら実務研修を受けてもらった。

さらに、平成二十二年（二〇一〇）には、ノルブ・テンジン氏の新婚の長男ツェリン・ドルジ氏夫妻が、東京ビッグサイトで開催された世界旅フェアにアテンドすることが事前に分かっていたので、同協会では夫妻を島根に招いて県内各地を案内し、父君テンジン氏の縁の地を辿りながら観光や親善交流も楽しんでもらった。

新国王ご夫妻の初来日

市町村合併で新浜田市が誕生してから六年が経過した平成二十三年（二〇一一）の夏の頃、三隅自治区（旧三隅町）の石州和紙協同組合の皆さんは、ブータン王国の製紙業者の協力要請もあり、新浜田市の国際交流担当者に交流の再開を働きかけていた。市当局でも新市とブータン王国との間で従来の交流に加えて、教育や文化の分野も含めた新たな交流を模索し、同国に打診を始めていた。しかしながら、浜田市からの問いかけに対してブータン側からの反応がないまま、月日が過ぎて秋も半ばを迎えていた。

そんなある日、突然、東京の日本ブータン友好協会から島根の協会事務局（柳樂宅）に封書が届いた。封書を開けて中の文書を見て驚いた。十一月十七日に開催されるブータン国王ご夫妻の歓迎レセプションへの案内文書だった。その頃マスメディアで、第五代ブータン国王ジグミ・ケサル・ナムゲル・ワンチュク国王が最近結婚され、近いうちに来日されると報道されていたのを思い出したが、まさかこんな身近な出来事になるとは夢にも思っていなかった。

東京の協会事務局からの情報等で詳細が分かってきたが、三隅自治区の方にも東京から案内があり、石州半紙技術者会の会長川平正男氏が、前日の十六日に開催される国王夫妻の歓迎宮中晩餐会に出席し、日本ブータン友好協会等が開催する歓迎レセプションには、同市から三隅自治区長の中島良二氏、大田久一氏、石州和紙協同組合から久保田彰氏が出席することが分かってきた。県の友好協会では、正副会長の都合により代わって事務局長の柳樂が出席することになった。

宮中晩餐会は報道で周知のとおり、皇居で行われて大変厳かな催しであったが、こちらの歓迎レセプションは大らかで和やかな催しであった。レセプション会場のホテルニューオータニの鳳凰の間には、ブータン王国と交流のある政財界の要人、文化人、スポーツ関係者、芸能人、そして日本各地で同国と交流活動を行っている人々が約五〇〇人招かれていた。

待つこと一時間余りであったが、幸運にも私達島根県からの参加者四名と私の知人で東京から参加していた井上浩輔君は来賓席に続く前の方の席に着くことができ、壇上の国王王妃両陛下に間近に拝顔することができた。

主催者代表の町村信孝友好議員連盟会長他の歓迎の挨拶の後、三十一歳の若き国王の爽やかなご挨拶があり、真っ先に三月の東日本大震災への心のこもった見舞いと被災者への祈りの言葉が述べられて、さらに今年は両国の国交樹立二十五周年の節目に当たる年であったこともあり、これまでに日本政府並びに国民から寄せられた物心両面の温かい支援について一つ一つ丁寧に話しながらお礼の言葉を述べられた。

やがて、会場では各テーブルでブータンでの思い出話など和やかに懇談が始まった。私は久しぶりに会った井上君とブータン談義に耽っていた。実のところ彼は恩師の孫で、私を介してノルブ・テンジン氏の旅行代理店によりブータン旅行を楽しんだ東大医学生であった。

そうこうするうちに不思議なことが起こってきた。私達のすぐ近くの席にいた来場者の数人がおもむろに両陛下の席に歩み寄り、拝謁し始めた。その時、井上君が機転を利かし、国王の付きそいの人に話しかけ確認してくれて私に告げた。

「柳樂さん、大丈夫です。私達も行きましょう」

私はちょっと気が引けたが、私達も思い切って、並んで拝謁を目指す列に加わった。国王の席の傍には、日本在住でブータン王国政府首相・特別顧問のペマ・ギャルポ博士が介添え役として付き添っていて、一人ずつ国王に紹介してくださった。私が和紙技術支援から始まった島根とブータンの三十年近い交流の歴史について報告した後、久保田彰氏がペマ博士に伺った。

「実は、和紙技術を通じて三隅町とブータン王国との間で交流があったが、六年前に三隅町が浜田市に合併したため途絶えてしまいました。何とか交流を再開し、技術協力ができるようにと願っていますが、如何でしょうか。国王様に伝えていただけませんか」

ペマ博士が国王に久保田氏の思いを伝えると、国王は笑顔で久保田氏に向かって答えられた。

「それは良いことですね。これまでの皆さんの技術支援に心から感謝いたします」

そして、国王は驚いたことに微笑みながら私達に手を差し伸べられて次々と握手された。

私達はこのとき新浜田市とブータンとの新たな交流の明るい展望を膚に感じとった。

新浜田市とブータン王国、新たな交流協定締結

ブータン国王拝謁を終えて帰県すると慌ただしくなった。浜田市では三隅自治区中島良二区長からの報告を受けて、国際交流担当の地域政策課において交流再開の取り組みの強化が図られ、十二月五日の市議会本会議で、宇津徹男市長が交流再開方針を表明された。

一方、県ブータン友好協会では浜田市と連携を取りながら、旧知のＪＩＣＡブータン事務所長仁田知樹氏（本県安来市出身）に協力を求め、ブータン政府の窓口の通産電力大臣カンド・ウォンチュック氏に打診してもらうことになった。また、製紙業のノルブ・テンジン氏も浜田市から大臣への確認を要請されていたので、仁田氏と歩調を合わせて動き出した。その結果、十二月五日に大臣に面会できて、浜田市との交流について大変前向きな姿勢を示されたとのメールが仁田氏から事務局（柳樂）に入ってきた。

それから暫くして、ブータン政府から十二月二十二日付の書簡が浜田市に届いた。それは八月に同市の地域政策課から交流再開を打診するため同国に出した書簡への返信で、旧三隅町の支援に感謝するとともに、浜田市との友好交流協定を更新したい旨回答されていた。これを受けて浜田市では諸準備に取りかかられ、平成二十四年（二〇一二）三月下旬には

地域政策課長斗光秀樹氏と石州和紙協同組合の久保田彰氏がブータン王国を訪問し、ブータン政府の担当者と具体的な交流内容の検討など新協定締結のための事前協議が行われた。

その後、浜田市及びブータン王国の関係者の尽力により、諸準備が整い、翌年（二〇一三）三月に宇津徹男市長を団長とする浜田市ブータン王国訪問団（市関係者、石州和紙協同組合の久保田彰氏、県ブータン友好協会の柳樂正雄を含む一二名）がブータンを訪れ、首都ティンプーにおいて新たに友好交流協定が締結された。

以後、新たな協定に基づいて、これまでの手漉き紙技術を通じての交流を拡大して伝統工芸、教育文化、産業経済の各分野において交流と協力が推進されることになり、平成二十五年（二〇一三）度から交流が再開された。

なんと、海の町「海士町」と山岳国「ブータン王国」との交流が始まる

日本海に浮かぶ隠岐諸島の一つ、中ノ島にある海士町では、平成十四年（二〇〇二）から山内道雄町長により、過疎化を逆手にとって画期的な地域創生の取り組みが行われていた。その一つとして廃校の危機に直面し風前の灯となっていた県立隠岐島前高校を生き返

らせるために、出前講座で訪れた、海外支援活動の経験豊富な新進気鋭の青年、岩本悠氏を口説いて、同校の活性化支援策に取り組まれていた。隠岐での岩本氏の約十年にわたる悪戦苦闘ぶりと、県外からの島留学生も加わってV字回復した同校の活性化成就の経過については、ＮＨＫの人気番組「逆転人生」でも紹介されており、皆さんもよくご存じのことと思う。

その岩本氏は実践活動の中で、過疎地の地域創生には、地域の核として存在する高校の教育活性化が不可欠で、そのためには地域全体を巻き込んで取り組む「教育の魅力化」が不可欠であることを体得されている。そして感心したことに、同氏の飽くなき探求の途上で、ブータン王国との交流の接点が生まれたのである。同氏は平成二十七年（二〇一五）一月に、ブータン王国の教育問題に取り組まれていた、早稲田大学教育・総合科学学術院研究員平山雄大氏の「ブータン教育講座」に参加されて、ブータン王国の教育問題に強く引かれていった。このため、同年十二月に平山氏に同行してブータン王国の地方の街や奥深い村まで探訪し、同国の地方の状況や、教育問題をつぶさに見聞して帰り、島前高校や海士町の学習施設に平山氏を招いてブータンの話を生徒や町民に語り伝えられた。

やがてこの体験は、島前高校が平成二十七年（二〇一五）度から県内で二番目に取り組んだ、文科省のスーパーグローバルハイスクール事業『離島発グローバルな地域創生を実現する「グローカル人材」の育成』につながり、平成二十八年（二〇一六）八月には同校の生徒四人と教職員が、ブータン王国を訪問して同国の高校生達と交流を深めることになった。生徒たちはワークショップなどの体験学習を通じて探求プログラムの成果を上げ、毎年度ごとに新たな生徒たちが楽しみながら貴重な交流を重ねている。やがて、その成果により島前高校だけでなく町全体で同国への関心が高まってきて、町民もブータンを訪れるようになった。

ブータン王国から研修視察団来県

一方、ブータン王国でも意外なことが起きていた。教育の普及と都市部の発展にともない、地方に住む若者の都市部への流出が深刻な問題になってきていたのだ。そこで同国政府では、ＪＩＣＡの支援のもと「全国総合開発計画２０３０策定プロジェクト」を策定中であったが、海士町と島前高校が取り組んでいる「高校魅力化プロジェクト」の推進による地域振興策に関心を持ち、ＪＩＣＡの支援で同国の研修視察団を過疎化対策の先進地である島根県に送り込んできた。視察団は同国政府の各省庁職員で、幹部、中堅、若手とグループ分けされて、平成二十九年（二〇一七）に三回にわたって、海士町と本土の関係市を回って研修視察を行った。柳樂は同年五月に出雲市役所で行われた中海・宍道湖・大山圏域市長会主催の同視察団の研修会に同席させていただいたが、熱心に質疑が交わされる光景は将来に向かって共に前進する島根とブータンの共同プロジェクトの取り組みのように思え、頼もしく嬉しいかぎりであった。

高校魅力化プロジェクト、ブータンへ

海士町で活躍していた岩本悠氏は、平成二十七年（二〇一五）に県教育庁に招かれ、翌年には教育魅力化特命官に任命されて益々活躍の場が広がっていった。隠岐はもとより県内の中山間地域の高校を駆け回って地域と連携した特色ある教育の普及に努められた。さらにその「高校魅力化プロジェクト」のノウハウを活用して一般社団法人「地域・教育魅力化プラットホーム」が設立され、その効用が全国に広がることになっていった。

やがて、同法人の「学校を核とした地域創生」に取り組む活動が我が国の文部科学省に評価され、同省の「日本型教育の海外展開推進事業」に取り上げられて、島前高校との交

流を通じて理解が深まっていたブータン王国で同事業が実施されることになった。そして、令和元年（二〇一九）に島根と同様に若者流出に悩む同国西南部のチュカ県で、地元の高校生達十九名と隠岐島前高校生四名のチームが「観光客がチュカに来たくなるプロモーション動画作成」というミッションのもと、地域の魅力を探すフィールドワークを行った。生徒達は岩本氏達関係者の見守る中で、初めての体験に戸惑いながらも協力しあって活動を終えると、生徒の意欲、主体性、地域に対する肯定感を高める確かな成果を上げていた。

　このように岩本氏が開発した「高校魅力化プロジェクト」がブータン王国の教育の活性化と地方の過疎対策に貢献することが期待されており、今後島根とブータンの交流に新たな大きなルートが加わることとして喜ばしいかぎりである。

ブータン国王ご夫妻と王子様来日

　令和元年（二〇一九）八月下旬に、岩本悠氏からブータンとの活発な交流情報をメールで伺っていた際に、突然大いなるご提案をいただいた。

「ちなみに、ブータン国王が十月に令和天皇の即位礼正殿の儀に参列のため来日される計画と伺っていますが、県ブータン友好協会から島根県へのご招待のご依頼をするとかできないでしょうかね」

心身ともに鈍くなっている私は、サプライズ提案に腰が引けたが、日本ブータン友好協会の旧知の事務局長にブータン国王来日の日程について伺ってみた。すると、皇室行事へのご臨席以外は公表されていない。同協会の歓迎会は十月十一日開催の予定で準備中であるが、島根へも連絡する予定であったとの有り難い回答をいただいた。

その後、紆余曲折があって歓迎会は十月二十五日に変更になり、当方の協会では会長、副会長の都合が悪く、事務局長の私と会員（柳樂紀美子）の二人が出席することになった。一方、出席予定だった岩本悠氏は都合が悪くなって残念ながら欠席されることになった。

ところが、大変なことが起きてしまった。上京の準備も終えて、歓迎会が　週間後に迫った十月十六日に突然腰痛が始まり、翌日の夕方には激痛に耐えきれず妻の車で病院に駆け込んだ。ＣＴ検査の結果、思いもよらぬ尿管結石症とのことで鎮痛剤等の薬をもらい帰宅した。これは歓迎会どころではないなと眠れぬ夜を過ごしたが、幸いにも翌朝には痛みが弱まってきていた。前夜の医師の指示どおり再度病院で検査を受けると、二個あった石が一個になっていた。

そこで、「喉元過ぎれば、熱さ忘れる」いや、「尿管過ぎれば痛さを忘れる」で、医師に泣きついた。

「先生、痛みがほとんど無くなりました。実は、来週上京の予定がありますが、何とかなりませんかね？」

「まだ、一個残っていますからね。また、暴れ出すかも知れませんよ」

「先生、薬を十日分出していただけませんか？」

「仕様が無いですね。しかし、泊まるホテル周辺の病院を確かめておきなさいよ。私は責任は持てませんよ」


十月二十四日の朝覚悟を決めて上京し、ホテルで周辺の病院情報を確認して翌日に備えた。

翌日は雨模様になったが、妻に付き添われて午後四時前に会場の帝国ホテルに入った。予定の一時間半前に歓迎会場の富士の間周辺に着くと、既にかなりの人々が談笑しながら開場を待ち受けていた。周囲を歩いていると運良く島根からの来場者に出会い、尋ねてみると隠岐島前高校の高校魅力化コーディネーター山野靖暁氏と分かった。岩本悠氏の代理として訪れていて、島根からは参加者が三人となり心強かった。

やがて開場となり、広い宴会場に入って行くと、八年前の歓迎会と同様に私達は運良く中央の前の方のテーブルに着くことができた。会場にはブータン王国との交流のある各界の著名人等が、前回より多く約六〇〇人近く入場し、華やいだ雰囲気が漂ってきた。そんな混雑の中で、幸いにも懐かしい方々にお目にかかり歓談することができた。ブータンの農業振興に一生を捧げられた故西岡京治氏の里子夫人とはブータン訪問時に大変お世話になった思い出を懐かしくふり返ることができ、浜田市とブータン王国との新友好交流協定締結の際に、ご支援いただいたＪＩＣＡの元ブータン事務所長仁田知樹氏（現横浜国立大学学務部国際教育課長）にはお礼と現状報告をすることができた。

定刻の六時半を少し過ぎた頃会場入口の方がざわつき始め、やがて、国王ご夫妻がジグミ・ナムゲル王子を真ん中に、仲良く手をつないで登場されると、場内に拍手と歓声が沸き起こってきた。そして一歩ずつしっかり歩まれる三歳の王子様を間近に拝顔した人々から「王子様！　可愛い！」という声が広がった。ご一家は壇上の席に着かれると、主催者側の歓迎の挨拶を受けられ、花束贈呈や乾杯が続いた。

やがて、ジグミ・ケサル・ナムゲル・ワンチュク国王陛下のご挨拶が始まり、日本ブータン両国関係の歴史を振り返るとともに、近年に両国の親善に寄与した多くの日本人、一人一人の名前をあげて感謝の意を表された。各界の著名な貢献者達の名前と功績について語られる国王様のにこやかな表情をうかがっていると、突然、島根県という言葉が耳に入ってきた。

「これまで長らくブータンにご支援いただいた島根県からブータン友好協会の柳樂正雄事務局長が来場されています。お礼を申しあげます」

同じテーブルの周囲の皆さんが私の方へ笑顔を向けて祝福してくれた。全く予期していなかった私と妻は驚きのあまり戸惑いながら、国王様の方に向かって深く頭を下げていた。

ご挨拶が終わり、和やかな宴会が始まるとまもなく、驚いたことに国王様は前の方のテーブルを回り、参加者と親しく言葉を交わされ始めた。前回の歓迎会と同様にブータン王国政府首相・特別顧問のペマ・ギャルポ博士が介添え役として付き添われていた。国王様が私達のテーブルに近づかれると私も紹介していただき、前回の国王歓迎会が契機で交流が復活した新浜田市とブータン王国との友好交流の状況を報告し、お礼を申しあげた。すると国王は私の方に手を差し伸べて握手しながら「これからもよろしくお願いします」とにこやかに答えられた。

今回の歓迎会は、本当に貴重な出会いと驚きの出来事が沢山あり、感慨無量の一時を過ごさせていただいた。そして過ぎ去った三十数年間のブータン王国との交流の数え切れない懐かしい思い出が走馬灯のごとく思い浮かぶ一日となった。

和紙の絆は永遠に！

思いおこせば、全ての物語は島根の誇る和紙の技術協力から始まった。和紙技術者の皆さんが我が身を忘れ、家業の多忙な日々を割いて遥かなるヒマラヤの山国に飛び、紙漉きの支援に献身的に取り組まれ、幾多の苦難を乗り越えて、和紙の巧みな技がブータンの山里に根付いたのである。その支援の輪は行政、諸団体、地域住民、一般県民の温かい理解と協力に支えられて和紙以外の技術分野に拡大し、さらに文化、教育分野にも広がっていった。そして、今では島根とブータンとの間で様々なルートにより人々の友好交流が生まれ、日本とブータン両国の友好親善にも貢献できている。それがこの度の国王様の感謝の言葉につながったものである

長い長い道のりであった。全てはこれまで長らくご理解と弛まぬご支援をいただいた沢山の方々のお陰であった。

これからも若い人たちが大いなる夢と希望を抱いて、この道を歩んでくださることを願って止まない。

あとがき

このたびの小著の取り組みにより、三十数年に亘る島根とブータン王国との交流について懐かしく振り返る機会をいただきました。各方面の様々な事業支援や交流事業が進む中で意義深い交流活動が沢山ありましたが、困難な出来事も数々ありました。

最初に、私が見も知らぬ秘境の小さな国を模索することになった時、それは大変な試練でありましたが、当時の職場（県庁）の上司や同僚の皆さんから温かい理解とご支援を受けました。

ブータン入国の際には、一八人乗りの搭乗機がヒマラヤ連峰の峡谷で視界不良のためインドに引き返し、前途の予測不能で途方に暮れたこともありました。

しかし、その後に続く同国への技術協力では、国、県及び関係市町村や事業所から物心両面の温かい支援をいただきました。そして、突如発生した同国研修員の心臓手術と支援募金への対応では、各報道機関に格別の協力をいただくとともに、松江赤十字病院を始め県庁その他事業所や広く県内外の沢山の人々から多大なご支援をいただきました。また、元島根県商工労働部長の故田黒輝夫様、元三隅町長の故三賀森勝様、元石州半紙技術者会長の故久保田保一様からは長い間、物心ともにご支援をいただき、ブータンを愛する仲間の心の支えでありました。

　このように沢山の方々の温かい理解とご支援があったことによって、様々な難関を乗り越えることができ、三十数年もの長い間友好交流が続いてきたと確信し、改めて心から感謝申しあげます。

　このような忘れ得ぬ交流の思い出やブータン王国での希有な体験を、友人や孫たちに語るうちに記録に残すことを勧められ、重い腰を上げて「しまね・ブータン王国物語」に取り組むことになりました。

　ところがいざ始めて見ると、この作業は私にとって未知の大冒険であることに気づいたものの後の祭り。ほこりを被って眠っていた三十数年前の資料探しから始まり、沢山の方々にご協力いただきながら資料内容の確認。さらには、文章力もないボケタ頭をたたきながらパソコンに向かう苦闘の日々が長く続きました。途中で地域の活動や行事が入るとそれを口実に何度も中断し、そのたびに妻に尻をたたかれたり励まされたりしながら、数年がかりでたたき台が出来、最後の仕上げは恩師の藤岡大拙先生にご指導いただき、お陰さまでやっと上梓する運びとなりました。

しかしながら、拙文には資料不足や私の記憶違い等で内容に不備な点が多々あることをご容赦いただき、今後皆様からのご指摘、ご意見を何卒よろしくお願い申しあげます。

最後に、これまでにご指導ご支援を賜りました藤岡大拙先生、ハーベスト出版代表の谷口博則様、編集担当の山本勝様に厚くお礼申しあげます。また、ご多忙中に情報収集等にご協力いただきました島根県教育庁の教育魅力化特命官岩本悠様、浜田市の国際交流担当職員の皆様、隠岐島前高校の関係職員の皆様に厚くお礼申しあげます。そして資料整理等にご協力をいただきました浜田市三隅町の久保田彰様、松江市の安部信一郎様、野田修司様に厚くお礼申しあげます。

令和三年五月

柳樂 正雄

資料

ブータン王国ミニ情報

【一般事情】

一、面積　約三八三九四平方キロメートル（九州とほぼ同じ）

二、地形　標高二〇〇〜七〇〇〇メートル（町部の大半は標高二〇〇〇〜三〇〇〇メートルに位置する）

三、気候　熱帯モンスーン地域にあるが、標高二〇〇〇メートル位の町では日本の本州とそう変わりない気候で、春夏秋冬が明白である。

四、自然　植物は低地には熱帯植物、高地にはブルーポピー（国花）などの高山植物があり、植物の宝庫。動物はヤク（牛）、ターキンなどの珍獣もいる。

五、人口　約七五・四万人（二〇一八年）

六、首都　ティンプー

七、民族　チベット系、東ブータン先住民族、ネパール系

八、言語　ゾンカ語（チベット語の方言に近い）

九、宗教　チベット系仏教、ヒンドゥ教等

一〇、食物　主食は米、唐辛子は好物

一一．服装　日本の着物に似ていて、男性はゴ、女性はキラと呼ばれる服を着用

一二．住宅　釘不使用の木造三階建住宅（一階が家畜・物置又は店舗、二階が居室、三階が食糧貯蔵室）

一三．略史　十七世紀にチベットから移住した高僧ガワン・ナムゲルが、割拠する群雄を征服し、聖俗界の実権を掌握。十九世紀末に東部トンサ郡の豪族ウゲン・ワンチュクが支配的郡長として台頭し、一九〇七年にワンチュク王朝を確立。第三代国王（一九五二年即位）が近代化政策推進。第四代国王（一九七二年即位）が近代化・民主化を推進（国王親政から立憲君主制に移行を主導）。

【政治体制・内政・外交】

一．政体　立憲君主制

二．元首　ジグミ・ケサル・ナムゲル・ワンチュク国王（第五代）

三．議会　二院制（上院二五議席、下院四七議席）

四．内政　第四代国王主導により、一九九〇年代末から憲法制定、議会制民主主義への移行準備が進められ、第五代国王の下、二〇〇七年に上院議員選挙、二〇〇八年に下院議員選挙が実施されて、同年に新憲法が公布された。

五．外交　非同盟中立

【経　済】

一．経済概況　国内市場が小さく、慢性的貿易赤字を抱えているが、水力発電と観光振興に力を入れている。

二．主要産業　農業、林業、電力（水力発電）

三．名目ＧＤＰ　二四・五億米ドル（二〇一八年）

四．主要貿易品目　輸出（シリコン、電力、石類セメント等）
　輸入（軽油、ガソリン、鉄製品、米等）

【日本との関係】

一．政治関係　一九八六年三月国交樹立。以来、日本とブータンとの関係は、皇室・王室間を含む要人の交流、故西岡京治氏（コロンボ計画／海外技術協力事業団（現国際協力機構（ＪＩＣＡ）派遣専門家）の農業振興指導をはじめとする経済協力を通じ、友好な関係を構築してきた。また、ブータンは国際機関での選挙・決議等において日本を支持してきている。

二．在留邦人数　一三〇人（二〇一九年）

三．在日ブータン人数　八三六人（二〇一八年）

参考文献

「秘密国 チベット」 青木文教

「西蔵漂泊 チベットに魅せられた十人の日本人」 江本嘉伸

「ブータン横断紀行」 桑原武夫

「続ブータン感傷旅行」 小方全弘

「神秘の王国」 西岡京治・里子

「遙かなるブータン」 日本放送出版協会

「ブータンの花」 中尾佐助 西岡京治

「雷龍の花園」 森和男

「はじめて知るブータン」 山本けいこ

「ブータン 雷龍王国への扉」 山本けいこ

「ブータン 雲の国の子供たち」 高橋洋

「ブータン 龍の子ティンレイ」 小松義夫

「ヒマラヤの青いケシ」 倉下生代・久山敦

「ブータンに図書館を作る」石田孝夫
「ブータン自転車旅行」九里徳泰・林美砂
「ノスタルジア・ブータン」宮脇檀・猪野忍
「ブータンの染色」バーク・バーソロミュー
「ヒマラヤ五〇峰」内田良平
「PORTRAITS of HIMALAYAN FLOWERS」Toshio Yoshida
「虹と雲 王妃の父が生きたブータンのの現代史」ドルジ・ワンモ・ワンチュック
「ブータンのツェツュ祭 神々との交感」永橋和雄 今枝由郎
「ブータン・風の祈り」田淵暁 今枝由郎
「ブータン仏教から見た日本仏教」今枝由郎
「ブータン・風の祈り」今枝由郎
「ブータンに魅せられて」今枝由郎
「ブータンの民話と伝説」クンサン・チョデン 今枝由郎・小出喜代子訳
「ブータン 変貌するヒマラヤの仏教王国」今枝由郎
「ブータンの朝日に夢をのせて」木暮正夫
「ブータンと幸福論」本林靖久

「ケサン王女殿下特別講演 ブータン王国の国民総幸福（GNH）」龍谷大学アジア仏教文化研究センター　同大学人間・科学・宗教オープンリサーチセンター

「ブータンにみる開発の概念」上田晶子

「ブータンの政治 近代化の中のチベット仏教王国」レオ・E・ローズ 山本真弓訳

「幸福王国 ブータンの知恵」アスペクトブータン取材班

「赤瀬川原平のブータン目撃」赤瀬川原平

「ぶらりあるき 幸福のブータン」ウイリアムス晴美

「ブータン小頃」鈴木正行

「未来国家 ブータン」高野秀行

「世界一幸せな国の九十七％幸せになる生き方」ペマ・ギャルポ

「地球の歩き方 ブータン」ダイアモンド・ビッグ社

「ブータン王国の手すき紙」久保田　彰

「重要無形文化財 石州半紙」石州半紙技術社会

「日本ブータン友好協会会報」

「神戸ブータン友好協会創立二十周年記念誌」神戸ブータン友好協会

「ブータン王国と島根県の手漉き紙技術交流日誌」田黒輝夫

島根県ブータン王国交流史（令和三年二月八日現在）

年月日	項目	概要

（日本・ブータン王国関係概要）

一九〇七年	ワンチュク王朝成立
一九一三年	多田等観師（浄土真宗西本願寺派）チベット大蔵経を求めて同王国通過
一九五五年	ティンプーが首都になる
一九五八年	中尾佐助教授（大阪府立大学）学術調査（六ヶ月）のため同王国入国
一九六一年	ティンプー～インド（プンツォリン）間自動車道完成
一九六四年	ジグミ・ドルジ首相暗殺 西岡京治大阪府立大学助教授（JCA・コロンボ計画専門家）農業指導のため同王国入国
一九六五年	第三代国王暗殺未遂事件
一九六八年	日本学術調査隊（桑原武夫団長）入国
一九六九年	。万国郵便連合に加盟 。外国人の立ち入り許可（パロ周辺に限定）
一九七一年	国連加盟（日本も協同提案国となる）
一九七四年	。ジグミ・シンゲ・ワンチュク第四代国王戴冠 。団体観光客初入国（年間二八七人） 。同王国紙幣発行
一九八〇年	西岡京治氏、ダショーに叙せられる
一九八一年	「日本ブータン友好協会」設立
一九八二年	NHK取材班、マスコミとして初入国

一九八三年（昭和五十八年秋）	手漉紙の技術交流の打診を受ける	ブータン王国政府高官と交流のある杉浦康平氏（同王国の切手のデザインを手がけたグラフィックデザイナー）から、同氏の弟の杉浦敬二氏（商工中金松江支店長）を通じて本県に手漉紙の技術交流の打診がある。	一九八三年	◦パロ空港開港、ドゥルック・エア就航（パロ～カルカッタ） ◦日本女子登山隊ジェチュダケ東稜登頂
一九八四年（昭和五十九年七月）	手漉紙の技術交流の打診を再度受ける	ブータン王国国立図書館顧問の今枝由郎氏から同王国の手漉紙の技術改良の協力を求められた杉浦康平氏から、再度杉浦敬二氏を通じて、島根県商工労働部長田黒輝夫氏に技術交流の打診を受ける		
一九八四年（昭和五十九年八月九日～八月十四日）	松江市民、ブータン王国訪問	松江市の本田美智子・裕子両氏、同王国を訪問		
一九八四年（昭和五十九年八月～九月）	三隅町民、ブータン王国訪問	三隅町の竹内友成氏（明光寺）、同王国を訪問		
一九八五年（昭和六十年十月八日）	手漉紙の技術交流について島根県から回答	島根県商工労働部から「島根県は、ブータン王国と手漉紙の技術交流を図る意志があるが、その方策に検討を要する」旨、杉浦康平氏を通じて文書で回答	一九八五年	◦京大登山隊マリ・コン初登頂 ◦ジュネーブに同王国国連代表部設置
一九八五年（昭和六十年十一月十二日）	手漉紙改良協力要請	ブータン王国から産業視察団が来日した際に、団長の農林省次官C・ドルジ氏から島根県東京事務所を通じて協力要請があり、恒松制治島根県知事宛の文書（島根県の和紙技術者派遣要請）を県商工労働部が受領		

年月日	項目	概要
一九八六年（昭和六十一年二月十五日～二月十九日）	島根県産業視察団ブータン王国初訪問	出雲民芸紙業協同組合理事長安部信一郎氏、石州半紙技術者会会長久保田保一氏、島根県商工労働部長田黒輝夫氏、同部商工振興課主幹柳樂正雄氏が、同王国の製紙（手漉紙）業の実状調査を実施した。 帰国後、同王国から要請された和紙技術研修生の島根県受け入れ（外務省補助事業）に着手
一九八六年（昭和六十一年四月一日）	島根県ブータン友好協会設立	島根県産業視察団に参加した四名が発起人となり、県内の同王国訪問者六名で活動を開始（会長田黒輝夫氏、正会員六名、賛助会員一一名）
一九八六年（昭和六十一年六月七日～六月十一日）	ブータン王国農業技術者来県	同王国農林省職員二名（ドルジ・ウォンチュク氏、タシ・ドブゲイ氏）が、農業視察（薬用人参、わさび）に来県し、関係者と交流を深める
一九八六年（昭和六十一年七月十九日）	ブータン王国手漉紙技術研修員来日	同王国研修員三名（ノルブ・テンジン氏、イエシー・ドルジ氏、ティンレイ・ウォンチュック氏）が島根県の招聘により来日し、兵庫インターナショナルセンターで日本語研修を開始
一九八六年（昭和六十一年八月三十日）	同上研修員来県、八雲村で手漉和紙研修	八雲村で安部信一郎氏宅に滞在し、手漉和紙の技術研修を開始する。 ◎研修期間中、（十月十六日）ノルブ・テンジン氏、感冒治療中に心臓病（大動脈弁閉鎖不全症）発見

（日本・ブータン王国関係概要）	
一九八六年	○日本・同王国、国交樹立（三月） ○ラジオ放送開始 ○新聞発行

一九八六年(昭和六十一年十二月二日)	三隅町で同右研修	久保田保一氏宅に滞在し、手漉和紙の技術研修を継続する。三隅町では、町当局と町民から温かく歓迎され、後の友好交流協定につながる絆が生まれる		
一九八七年(昭和六十二年一月二十六日)	手漉和紙技術研修終了	右記三名の研修員は、約七ヶ月の研修(日本語、和紙技術)を終えて一月二十八日に帰国する。	一九八七年	浩宮殿下同王国親善訪問
一九八七年(昭和六十二年三月十日)	ノルブ・テンジン氏心臓手術支援募金活動開始	元技術研修員ノルブ・テンジン氏の心臓手術を松江赤十字病院で行うことに必要な経費が国、県の公費でまかなえないため、島根県ブータン友好協会が主体に支援募金活動を開始し、県庁記者室でプレス発表		
一九八七年(昭和六十二年三月二十二日)	ノルブ・テンジン氏再来日、心臓手術	元技術研修員ノルブ・テンジン氏が再び来県し、三月三十一日に松江赤十字病院で松田光彦心臓血管外科部長により心臓手術を受ける。手術後無事回復し、五月十一日に報道記者会見後退院し、五月十三日に帰国	一九八八年	○ドゥルック・エアジェット化 ○JICA、青年海外協力隊派遣開始 ○同王国名誉領事館(大阪)開設
一九八九年(平成元年八月二十五日~八月二十九日)	ノルブ・テンジン氏来県	元技術研修員ノルブ・テンジン氏が来県し、松江赤十字病院で心臓手術後の精密検査を受ける。島根県庁、三隅町を訪問し、心臓手術のお礼を述べるとともに技術援助を要請	一九八九年	○第四代国王昭和天皇の大喪の礼に参列 ○太平洋博覧会「よかトピア」同王国出展
一九九〇年(平成二年十月二十日~十一月九日)	三隅町、ブータン王国へ和紙製造機材贈呈(第一回)	三隅町で和紙技術研修を受けた研修員の要望に応えて、ブータン王国へ和紙製造機材一式を贈呈するため、三賀森勝町長他五名同王国を訪問〔同行者:県工業技術センター主任研究員野田修司氏、県ブータン友好協会員(田黒輝夫会長、柳樂正雄事務局長)、先発者(石州半紙技術者会(久保田保一会長、川平正男氏))機材設置、技術指導〕	一九九〇年 一九九一年	大阪「花と緑の万国博覧会」ブータン王国出展 同王国、観光事業民営化

年月日	項目	概要	（日本・ブータン王国関係概要）	
一九九二年（平成四年一月十一日～三月十五日）	三隅町海外技術研修員受け入れ	三隅町でブータン王国の研修員三名（リンチェン・プンツォー氏、ケザン氏、ドフ氏）和紙技術研修を実施	一九九二年	西岡京治氏、同王国にて逝去、国葬
一九九二年（平成四年五月十六日）	西岡京治氏告別式参列	ブータン王国で逝去した「ダショー西岡京治氏」の告別式（於大阪府立大学）に県ブータン友好協会の柳樂正雄事務局長が参列		
一九九二年（平成四年九月二十二日～十月三日）	三隅町、ブータン王国へ職員と和紙技術者派遣	三隅町からブータン王国へ「友好交流に関する覚書」調印、現地調査と技術指導のため、町職員（企画課長泉川晋作氏他一名）と技術者一名（西田誠吉氏）派遣		
一九九二年（平成四年九月二十二日～九月三十日）	ノルブ・テンジン氏夫妻来県	元技術研修員ノルブ・テンジン氏が来県し、松江赤十字病院で心臓手術五年後の精密検査を受けるとともに県関係者、日赤病院関係者、協会員と旧交を温める		
一九九三年（平成五年六月十二日～三月二十四日）	島根県海外技術研修員受け入れ	三隅町でブータン王国の研修員一名（ドングツウ氏）木工技術研修を実施	一九九三年	初代国連大使ロンポ・サンゲ氏来日
一九九三年（平成五年八月二十日～十一月十四日）	三隅町、ブータン王国へ和紙技術者派遣	三隅町からブータン王国へ和紙技術指導、工場増設指導のため技術者一名（川平正男氏）派遣		
一九九三年（平成五年九月二十二日～九月二十八日）	三隅町議会議員ブータン王国訪問	町議会議長久保晃健氏、副議長大森義明氏他二名が同王国への技術協力状況調査・友好訪問		

一九九四年（平成六年四月十四日～四月十八日）	三隅町、ブータン王国と友好交流協定締結	同王国のオム・プラドハン通産電力大臣一行五名が来県し、三隅町主催の「国際交流の集い町民大会」等の行事に参加し、三隅町と「友好交流協定」を締結。同大臣一行、県庁を訪問（高橋副知事表敬）	一九九四年	同王国の年間日本人観光客一〇〇〇人突破
一九九四年（平成六年八月二日～平成七年三月十四日）	島根県海外技術研修員受け入れ	三隅町でブータン王国の研修員一名（ペマ・プンツォー氏）和紙技術研修を実施		
一九九四年（平成六年九月十三日～九月十八日）	三隅町職員・県ブータン友好協会員、ブータン王国訪問	三隅町から紙漉き機材一式贈呈、三隅町長三賀森勝氏夫妻、町職員永田公氏、木工技術者吉原重文氏、協会員二名（田黒輝雄氏、野田修司氏）友好訪問		
一九九五年（平成七年一月）	テンジン氏の製紙工場被災	ノルブ・テンジン氏経営のジュンシ製紙工場が火災で大半を焼失		
一九九五年（平成七年七月十九日～八月六日）	三隅町、ブータン王国へ和紙製造機材一式贈呈（二回目）	三隅町長清谷祐二氏同王国訪問、三隅町から、二回目の和紙製造機材一式の贈呈（マンガラ製紙工場）と「文化交流協定」の締結に伴い、機材設置と技術指導のため三名（和紙技術者久保田彰氏、町職員大田久一氏他一名）同行		
一九九五年（平成七年八月二十一日～平成八年三月二十五日）	ＪＩＣＡ海外技術研修員受け入れ	三隅町でブータン王国の研修員二名（ケサン・ユードン氏、リンジン・ウォンダ氏）和紙技術研修を実施		
一九九五年（平成七年十二月～平成八年十二月）	島根県出身青年海外協力隊員赴任	持田守氏、コンピューター技術指導でブータン王国に赴任		

年月日	項目	概要
一九九六年（平成八年二月八日～二月十七日）	県ブータン友好協会員ブータン王国訪問	県ブータン友好協会員四名（柳樂正雄氏、柳樂紀美子氏、本田英穂氏、本田美智子氏）が同王国を訪問し、オム・プラドハン通産電力大臣に面会し、ジュンシ製紙工場火災見舞金を寄託
一九九六年（平成八年四月）	三隅町、被災製紙工場支援	三隅町他関係団体、ジュンシ製紙工場焼失見舞金贈呈
一九九六年（平成八年五月二十七日～六月二日）	島根県職員ブータン王国訪問	島根県で開催される「技能五輪全国大会」に同王国の紙漉技術者を招聘するため、県労政能力開発課職員宮田孝二氏、大野和晃氏、国際交流員（米国人）の三名が訪問
一九九六年（平成八年六月～八月）	元島根県職員ブータン王国訪問	県林業技術センターOBの平佐隆文氏が、JICA専門家派遣により「松茸栽培技術」の指導のため同王国を訪問滞在
一九九六年（平成八年十一月四日～十二日）	技能五輪にブータン王国技術者招待	島根県で開催された「技能五輪全国大会」に同王国の紙漉技術者一行四名（ソナム・ヤングレィ氏、ティンレィ・ウォンチュック氏、ノルブ・テンジン氏、ケサン・ユードン氏）が招待され、松江市、出雲市、三隅町を訪問。同大会の松江会場でデモストレーションとしてブータン手漉き紙技術を披露
一九九七年（平成九年六月二十日～七月十七日）	ＪＩＣＡ海外技術研修員受け入れ	三隅町でブータン王国の研修員ティンレィ・ウォンチュック氏が和紙技術研修（和紙の歴史、技術等）、同氏、出雲市と八束町を視察（七月五日～六日）

（日本・ブータン王国関係概要）

一九九七年	秋篠宮夫妻同王国親善訪問（三月）

一九九七年（平成九年九月十日）	ブータン王国教員来県	教育事情調査団員（五名）が来県		
一九九七年（平成九年十月二十一日～十一月一日）	三隅町、ブータン王国へ和紙技術者派遣	三隅町からブータン王国へ和紙の原料調査と技術指導のため和紙技術者四名（長見博氏、久保田彰氏、西田裕氏、川平律江氏）を派遣		
一九九七年（平成九年十一月十日～平成十年六月二十六日）	JICA海外技術研修員受け入れ	三隅町でブータン王国の研修員二名（カンド・ツェリン氏、ペルザン氏）和紙技術研修を実施		
一九九七年（平成九年十一月十六日）	ブータン王立舞踊団来県	ブータン王立舞踊団、大東町で雷龍の国の「仮面舞踊」を披露		
一九九八年（平成十年四月十七日～四月二十日）	島根県ブータン友好親善訪問団派遣	山陰中央新報トラベル社主催（県ブータン友好協会協賛、副会長安部信一郎氏同行）による「島根県ブータン友好親善訪問団（一六名）が同王国を親善訪問		
一九九八年（平成十年四月三十日～五月五日）	ブータン王国、政府職員来県	同王国政府職員ティンレィ・ウォンチュック氏、八束町で開催の牡丹国際シンポジュウムに招待されて来県		
一九九八年（平成十年八月六日～平成十一年二月十六日）	島根県海外技術研修員受け入れ	三隅町でブータン王国の研修員一名（リンチェン・カンドゥ氏）木工技術研修を実施		
一九九八年（平成十年九月七日～十月二十二日）	三隅町、ブータン王国へ和紙技術者派遣	JICA専門家派遣により、三隅町の久保田彰氏が同王国の手漉紙産業の実態調査と技術指導等を実施		

（日本・ブータン王国関係概要）

年月日	項目	概要
一九九九年（平成十一年二月九日～九月八日）	ＪＩＣＡ海外技術研修員受け入れ	三隅町でブータン王国の研修員一名（リンチェン・プンツォー氏）和紙技術（道具づくり）研修を実施
一九九九年（平成十一年四月一日～九月三十日）	元島根県職員ブータン王国訪問	県林業技術センターＯＢの平佐隆文氏が、ＪＩＣＡ専門家派遣により「松茸栽培技術」の指導のため同王国を再訪問滞在
一九九九年（平成十一年十月七日～十月十七日）	県ブータン友好協会員ブータン王国訪問	県ブータン友好協会員四名（柳樂正雄氏、野田修司氏、本田英穂氏、本田美智子氏）が同王国を訪問
一九九九年（平成十一年十月十九日）	三隅島根ブータン友好協会設立	三隅町内の同王国訪問者で設立し、親善交流を推進
一九九九年（平成十一年十月二十三日～十月二十五日）	ブータン王国政府職員来県	同王国通商産業省職員ティンレイ・ウォンチュク氏が来県し、松江市・三隅町等を視察し、交流を深める
二〇〇〇年（平成十二年三月十七日～五月二十二日）	三隅町、ブータン王国へ和紙技術者派遣	ＪＩＣＡ専門家派遣により、三隅町の久保田彰氏、山本忠義氏が同王国の手漉紙技術（道具づくり等）指導及び手漉紙業界の実態調査等を行う。
二〇〇〇年（平成十二年八月～平成十三年三月）	島根県海外技術研修員受け入れ	八雲村の安部信一郎氏宅及び広瀬町の長島勲氏宅でブータン王国の研修員一名（ツェリン・ドルジ氏）和紙技術研修研修
二〇〇一年（平成十三年二月）	三隅町、ブータン王国へ和紙技術者派遣	ＪＩＣＡ専門家派遣により三隅町の久保田彰氏が同王国を訪問し、手漉き紙の技術指導を行うと共に通産電力省と製紙産業の振興策について協議

二〇〇一年（平成十三年六月）	松江市民江角英之氏ブータン王国訪問	松江市の写真愛好家江角英之氏がブータンへの撮影ツアーに参加。現地の青年と親しくなり、その後交流を続ける		
二〇〇一年（平成十三年三月二十九日～六月二十日）	JICA海外技術研修員受入	三隅町でブータン王国の研修員一名（チミ・ドルジ氏）和紙技術研修を実施		
二〇〇一年（平成十三年六月十四日～）	島根県海外技術研修員受け入れ	松江市でブータン王国の研修員一名（タシ・ドルジ氏）旅行業研修を実施		
二〇〇二年（平成十四年六月～平成十五年二月）	同右	松江市でブータン王国の研修員一名（チミ・イーデン氏）コンピューター技術研修を実施		
二〇〇二年（平成十四年八月八日～八月十日）	㈶しまね国際センター職員ブータン王国訪問	㈶しまね国際センター職員の安井敏之氏と松浦千代氏が海外技術研修員のフォローアップのために同王国を訪問		
二〇〇三年（平成十五年二月）	ブータン王国政府職員、三隅町訪問	ブータン王国政府職員、ソナム・ヤングレイ氏が三隅町を訪問し、同王国への技術協力について協議	二〇〇四年	ドゥルック・エア、エアバスA319就航
二〇〇五年（平成十七年六月～平成十八年二月）	島根県海外技術研修員受け入れ	三隅町でブータン王国の研修員一名（ツェリン・ドルジ氏）和紙技術（原材料栽培、商品開発、市場調査等）研修を実施	二〇〇五年	。「愛知万博」にブータン館（ティンレイ・ウォンチュク館長）出展 。海外観光客数…年間約五〇〇〇人
二〇〇五年（平成十七年九月）	松江市の江角英之氏ブータン王国訪問	松江市の写真愛好家江角英之氏が同王国を訪問し、現地の知人リンチェン・ノルブ氏の案内により写真を撮影		

年月日	項目	概要	（日本・ブータン王国関係概要）	
二〇〇七年（平成十九年一月九日～平成二十一年一月）	島根県出身青年海外協力隊員赴任	浜田市出身の坂口伯文（のりよし）氏、コンピューター技術指導でブータン王国に赴任		
二〇〇七年（平成十九年九月二十日～九月二十六日）	県ブータン友好協会員ブータン王国訪問	県ブータン友好協会員二名（柳樂正雄氏、柳樂紀美子氏）が同王国を訪問		
二〇〇九年（平成二十一年五月）	県出身者JICAブータン事務所長就任	安来市出身の仁田知樹氏、JICAブータン事務所長に就任し、ブータン王国に滞在		
二〇〇九年（平成二十一年六月二十三日～九月二日）	日本語研修員受け入れ	県ブータン友好協会の招きで同王国の研修員一名（ノルブ・テンジン氏の次男ツェワン・リンジン氏）日本語研修		
二〇一〇年（平成二十二年二月）	島根県立大学生ブータン王国訪問	県ブータン友好協会の紹介により島根県立大学生、古志雄斗氏同王国訪問		
二〇一〇年（平成二十二年九月）	ツェリン・ドルジ氏夫妻来県	県ブータン友好協会の招きで、ジュンシ製紙工場のツェリン・ドルジ夫妻（東京ビッグサイトで開催された世界旅フェアにアテンド）が、来県し、県内視察（松江市、出雲市、浜田市、米子市）		
二〇一一年（平成二十三年十一月十六日）	ブータン国王夫妻歓迎宮中晩餐会に県内関係者出席	皇居・豊明殿で開かれた同王国国王夫妻の歓迎宮中晩餐会に浜田市の「石州半紙技術者会」会長川平正男氏夫妻が出席し、国王夫妻に拝謁	二〇一一年	◦五代ジグミ・ケサル・ナムゲル・ワンチュク国王夫妻来日 ◦同王国国内航空路線就航 ◦外国観光客数…年間約六四〇〇〇人

二〇一一年（平成二十三年十一月十七日）	ブータン国王夫妻歓迎レセプションに県内関係者出席	国王夫妻の歓迎レセプションが、ホテルニューオータニで日本ブータン友好協会、ブータン友好議員連盟等により共催され、県ブータン友好協会から柳樂正雄事務局長、浜田市から中島良二氏、大田久一氏、石州和紙協同組合から久保田彰氏が出席し、国王夫妻に拝謁		
二〇一二年（平成二十四年三月二十六日～三月二十八日）	浜田市職員、和紙技術者ブータン王国訪問	浜田市地域政策課長斗光秀基氏と石州和紙協同組合の久保田彰氏が旧三隅町と交流のあったブータン王国との交流推進のため、同王国を訪問	二〇一二年	◦日本人観光客数、約七一七〇人
二〇一二年（平成二十四年六月）	松江市民大谷勝実氏、ブータン王国訪問	ジュンシ製紙工場を訪問し、ノルブ・テンジン氏一家と交流を深める。		
二〇一二年（平成二十四年九月～十月）	松江市民江角英之氏、ブータン王国訪問	松江市の写真愛好家江角英之氏が知人のリンチェン・ノルブ氏の招請により同王国を訪問し、東部タシガンまで写真撮影の旅行		
二〇一三年（平成二十五年三月十八日～三月二十三日）	浜田市長一行ブータン王国訪問（友好交流協定締結（三月二十日））	浜田市ブータン王国訪問団一二名（団長（宇津徹男市長）、副団長（山田義喜浜田市議会副議長）、市職員三名（中島良二三隅自治区長、湯淺淳総合調整室長、斗光秀基地域政策課長）、三隅島根ブータン友好協会員二名（大森義明会長、宇津美都子氏）、石州和紙協同組合の久保田彰代表理事、島根県ブータン友好協会の柳樂正雄事務局長、報道関係者三名）が同王国を訪問し、同王国と浜田市との友好交流協定を締結するとともに、友好親善を深める。	二〇一三年	◦ブータン・エアライン社、エアバスA320でバンコク線就航

年月日	項目	概要	（日本・ブータン王国関係概要）
二〇一三年（平成二十五年八月三十日～九月十六日）	浜田市、ブータン王国へ和紙技術専門家派遣	浜田市観光交流課交流推進係長山口康弘氏、石州和紙協同組合の久保田彰氏、西田裕氏が同王国経済省と手漉紙技術支援事業協議及び現地調査	
二〇一三年（平成二十五年十二月十七日～十二月二十八日）	浜田市、ブータン王国技術研修員受け入れ	同王国政府職員二名と技術研修員二名が浜田市三隅町で和紙技術研修を実施	
二〇一四年（平成二十六年二月十五日～三月十二日）	浜田市、ブータン王国へ和紙技術専門家派遣	浜田市観光交流課交流推進係長山口康弘氏、石州和紙協同組合の久保田彰氏、西田裕氏が同王国経済省と手漉紙技術支援事業協議並びに同王国東部（タシヤンツェ県）での手漉紙技術指導及び原材料調査を実施	
二〇一四年（平成二十六年八月十八日～九月十四日）	浜田市、ブータン王国へ和紙技術専門家派遣	浜田市観光交流課交流推進係長山口康弘氏、石州和紙協同組合の久保田彰氏が、同王国経済省と研修生受け入れ、資材導入に関する協議並びに同王国東部（タシヤンツェ県）での手漉紙技術指導及び原材料調査を実施	
二〇一四年（平成二十六年十月三十日～十二月二十四日）	浜田市、ブータン王国技術研修員受け入れ	ＪＩＣＡ「草の根技術協力事業」により、同王国研修員三名（チョデン氏、ニマ・ウォンチュク氏、ソナム・テンジン氏）が浜田市三隅町で和紙技術研修を実施	
二〇一五年（平成二十七年八月二日～八月七日）	浜田市立中学校教員ブータン王国訪問	三隅中学校長川田秀樹氏、同校英語教諭前原靖子氏が同王国の教育行政機関・学校を視察し、三隅中学校とドクター・トブゲル・スクールの交流を推進	

二〇一五年（平成二十七年八月十七日〜九月十三日）	浜田市、ブータン王国へ和紙技術専門家派遣	JICA「草の根技術交流事業」により、浜田市商工観光課交流推進係長 川合香佳子氏（八月二十四日まで）、石州和紙協同組合の久保田彰氏、川平正男氏が同王国との手漉紙技術交流を推進
二〇一五年（平成二十七年九月三十日〜十月九日）	浜田市世界こども美術館職員一行、ブータン王国訪問	同美術館学芸課長糸川孝一氏、主任学芸員高野訓子氏、国際交流員キンバリー・モーガン氏が文化（美術）交流推進のため訪問
二〇一五年（平成二十七年十二月）	隠岐郡海士町職員、ブータン王国を視察	同町職員（隠岐島前高校の高校魅力化コーディネーター）岩本悠氏が日本ブータン友好協会理事の平山雄大氏とともにブータン王国を視察
二〇一六年（平成二十八年一月七日〜二月二日）	浜田市、ブータン王国技術研修員受け入れ	JICA「草の根技術協力事業」により、同王国経済省家内小規模工業局事業開発課長ジャンベイ・イエシー氏、研修員三名（チェリン・ワンチュク氏、ペマ・リンジン氏、ペンパ・デマ氏）が浜田市三隅町で和紙技術研修を実施
二〇一六年（平成二十八年二月二十日〜三月十一日）	浜田市、ブータン王国へ和紙技術専門家派遣	浜田市商工観光課交流推進係長川合香佳子氏、石州和紙協同組合の久保田彰氏、西田誠吉氏、西田裕氏が同王国訪問
二〇一六年（平成二十八年五月）	東京で開催された「ブータン王国展」に三隅町から参列	上野の森美術館で第四代国王妃陛下臨席のもと開催された「ブータン王国展」オープニングセレモニーに三隅町の久保田彰氏が参列
二〇一六年（平成二十八年七月三十一日〜八月六日）	隠岐島前高校教員・生徒、ブータン王国訪問	隠岐島前高校の教員一名と生徒四名がパロ、プナカを訪問し、現地の生徒とワークショップなど体験学習を実施

年月日	項目	概要	（日本・ブータン王国関係概要）	
二〇一六年（平成二十八年九月）	県教育庁職員ブータン王国視察	県教育庁教育魅力化特命官岩本悠氏、ブータン王国を訪問し、同王国の教育事情を視察		
二〇一六年（平成二十八年九月八日～九月十二日）	浜田市、ブータン王国へ美術館学芸員派遣	浜田市職員一名と同市世界子ども美術館学芸員二名がティンプー、パロ、ハを訪問し、美術展の開催とワークショップを実施		
二〇一六年（平成二十八年十月）	ブータン王国の高校教員、隠岐郡海士町訪問	同王国のモティタン高校のジグメ校長と日本語ガイドのドルジ氏が海士町を視察		
二〇一七年（平成二十九年五月二十日～五月二十二日）	ブータン王国政府研修視察団来県	研修視察団（次長級九名）が来県し、松江市、出雲市、海士町で研修視察を実施	二〇一七年	秋篠宮家眞子妃殿下同王国親善訪問（六月）
二〇一七年（平成二十九年七月三十一日～八月七日）	隠岐島前高校教員・生徒、ブータン王国訪問	隠岐島前高校の教員一名と生徒四名がパロ、プナカを訪問し、現地の生徒とワークショップなど体験学習を実施		
二〇一七年（平成二十九年九月一日～九月九日）	浜田市、ブータン王国へ美術館学芸員派遣	ＪＩＣＡ「美術教育支援事業」により、浜田市職員一名と同市世界子ども美術館学芸員二名がティンプー、パロ、ハを訪問し、現地視察と文化交流を実施		
二〇一七年（平成二十九年九月）	ブータン王国政府研修視察団来県	研修視察団（課長級一六名）が来県し、松江市、海士町で研修視察を実施		
二〇一七年（平成二十九年十一月）	ブータン王国政府研修視察団来県	研修視察団（若手行政官一三名）が浜田市を訪問し、三隅中学校での交流授業や世界子ども美術館、石州和紙会館等の視察、同時期に海士町も視察を実施		

二〇一七年（平成二十九年十二月二十五日〜十二月二十六日）	ブータン王国文化庁長官来県	同王国文化庁長官カルマ・ウイゼー氏が浜田市を訪問し、同市世界子ども美術館、石州和紙会館を視察し、友好親善を推進
二〇一八年（平成三十年一月〜）	ブータン王国高校生県内高校に留学	ブータン王国の高校生野口ウゲン・チョデイさんが隠岐島前高校に留学開始
二〇一八年（平成三十年一月十三日〜一月二十八日）	ブータン王国美術教員一行来県	ＪＩＣＡ「美術教育支援事業」により、同王国教育委員会のソナム・チェリン氏と三人の美術教員が浜田市を訪問し、同市世界子ども美術館や小・中学校、幼稚園などを視察し、文化交流を推進
二〇一八年（平成三十年七月二十八日〜八月七日）	隠岐島前高校教員・生徒、ブータン王国訪問	隠岐島前高校の教員一名と生徒四名が同王国東部のサンドゥプジョンカル、タシガン、メラを訪問し、現地の生徒とワークショップなど体験学習を実施
二〇一八年（平成三十年八月三十日〜九月七日）	浜田市、ブータン王国へ美術館学芸員派遣	ＪＩＣＡ「美術教育支援事業」により、浜田市職員一名と同市世界子ども美術館学芸員二名がティンプー、パロを訪問し、文化交流を推進
二〇一八年（平成三十年九月二十五日〜九月二十九日）	ブータンの青年、松江市民の招きで来県	松江市の写真愛好家江角英之氏が、写真取材で交流しているブータンのリンチェン・ノルブ氏が江角氏の招きにより来県し、松江、出雲を視察
二〇一九年（平成三十一年一月十一日〜一月二十八日）	ブータン王国美術教員一行来県	ＪＩＣＡ「美術教育支援事業」により、同王国教育委員会の長官とモンガルおよびサムツエの小中学校教員二名が浜田市を訪問し、同市世界子ども美術館や小中学校・幼稚園の視察と伝統工芸、茶道等を体験
二〇一九年		

年月日	項目	概要	（日本・ブータン王国関係概要）
二〇一九年（令和元年七月二十五日～八月三日）	隠岐島前高校教員・生徒、ブータン王国訪問	隠岐島前高校教員一名と生徒四名が同王国の西南部のチュカを訪問し、現地の生徒とワークショップなど体験学習を実施	秋篠宮夫妻と長男悠仁殿下同王国親善訪問（八月）
二〇一九年（令和元年八月二十九日～九月六日）	浜田市、ブータン王国へ美術館学芸員派遣	ＪＩＣＡ「美術教育支援事業」により、浜田市職員一名と同市世界子ども美術館学芸員二名がティンプー、パロ、ハを訪問し、文化交流を推進	
二〇一九年（令和元年十月二十五日）	ブータン国王夫妻歓迎レセプションに県内関係者出席	帝国ホテルで開催されたブータン国王夫妻歓迎レセプションに県ブータン友好協会の柳樂正雄事務局長夫妻と隠岐島前高校の高校魅力化コーディネーター山野靖暁氏が出席し、国王夫妻に拝謁	第五代国王夫妻・皇子来日（令和天皇即位礼正殿の儀参列（十月二十二日）
二〇一九年（令和元年十一月八日～十一月二十一日）	ブータン王国政府研修視察団来県	研修視察団（一〇名）が来県し、松江市、海士町で研修視察を実施（松江では安部榮四郎記念館でブータンと島根県の交流の経緯について懇談し、紙漉きを体験）	
二〇二〇年（令和二年一月十一日～一月二十五日）	ブータン王国美術教員一行来県	ＪＩＣＡ美術教育支援事業」により、同王国の美術教員四名が浜田市を訪問し、市世界子ども美術館で開かれた「ブータンカフェ」で同王国の文化や生活習慣を紹介し、市民と触れ合いながら文化交流を推進	
二〇二〇年（令和二年四月）	ブータン王国から県内専門学校に留学生入校	奥出雲町の島根デザイン専門学校に初めてブータン王国の留学生二名が入校	

柳樂正雄（なぎら　まさお）

昭和十八年（一九四三）島根県出雲市生まれ。島根大学文理学部文科卒業。元島根県立女子短期大学事務局長、元島根県物産協会専務理事、元島根県観光連盟専務理事、元島根県国際交流青友会事務局長、元出雲国際交流協会会長、島根県ブータン友好協会事務局長

しまね・ブータン王国物語

神々の国しまねから幸せの国ブータンへ

二〇二一年五月二十一日　初版発行

著　者　柳樂《なぎら》正雄《まさお》

発　行　ハーベスト出版
〒六九〇-〇一三三
島根県松江市東長江町九〇二-五九
TEL 〇八五二-三六-九〇五九
FAX 〇八五二-三六-五八八九
URL:https://www.tprint.co.jp/harvest/
E-mail:harvest@tprint.co.jp

印　刷
製　本　株式会社谷口印刷

Printed in Shimane Japan
ISBN978-4-86456-395-6 C0095